生活因阅读而精彩

生活因阅读而精彩

心量决定气量
格局决定结局

解密古往今来大人物的成功秘诀

看得见的是胸围，看不见的是胸襟；
看得见的是结局，看不见的是格局。

吕荇/编著

中国华侨出版社

图书在版编目(CIP)数据

心量决定气量,格局决定结局 / 吕荇编著.—北京:
中国华侨出版社,2013.11(2021.4重印)

ISBN 978-7-5113-4238-6

Ⅰ.①心… Ⅱ.①吕… Ⅲ.①成功心理–通俗读物
Ⅳ.①B848.4–49

中国版本图书馆 CIP 数据核字(2013)第264490 号

心量决定气量,格局决定结局

编　　著 / 吕　荇
责任编辑 / 严晓慧
责任校对 / 王京燕
经　　销 / 新华书店
开　　本 / 787 毫米×1092 毫米　1/16　印张/18　字数/240 千字
印　　刷 / 三河市嵩川印刷有限公司
版　　次 / 2014年1月第1版　2021年4月第2次印刷
书　　号 / ISBN 978-7-5113-4238-6
定　　价 / 48.00 元

中国华侨出版社　北京市朝阳区静安里 26 号通成达大厦 3 层　邮编:100028
法律顾问:陈鹰律师事务所
编辑部:(010)64443056　　64443979
发行部:(010)64443051　　传真:(010)64439708
网址:www.oveaschin.com
E-mail:oveaschin@sina.com

前　言

　　浮躁、计较、贪婪、怨恨、攀比、固执、脆弱、烦恼，这些情绪可能每个人都曾经经历过，它们并不简简单单是一种负面情绪，还会让我们的心容易迷失本性，也就更加容易受外物的影响被打败。"不以物喜，不以己悲"，在今天以科学的观点看来，不仅有哲学意义，还能够保证身心全面健康。例如忌妒这种男人女人都会有的通病让我们气量狭小，而无法容人之好；目光短浅则让忍辱负重四个字跟我们绝缘；喜欢抱怨的人就会丧失生活的勇气，消极处世；对人苛刻、猜疑不仅于事无补，还可能毁了自己；傲慢会让我们失去谦和，无法融入团体……

　　这些负面情绪都可以归结为心量狭小，它对我们的人生就像是扁桃体发炎一样，虽然没有致命的打击，但总能让你心神不宁，无法全身心投入到更有价值的事情中。它让我们不受欢迎、做不成事、干不了大事，简而言之，就是心量小则成就小，心量小则幸福感小。

　　那么什么是心量大的表现呢？心量大的人懂得感恩，懂得宽容，处世淡然，一切随缘，他们善良勇敢，处事公正，但是大智若愚，奉行难得糊涂。心量大的人往往能够看准时机，当机立断；他们对自己的人生有远见、有规划，懂得全情投入和忍一时之愤；心量大的人不仅坚韧不拔而且脚踏实地，还有一颗等待机会的恒心……

　　"鱼与熊掌不可兼得"，要想心量大，先要学会平衡二字，两样重量差不多的事物放在你的天平两侧，你站在哪个点就决定了你的心量。在家靠父母，出门靠朋友，你需要朋友，但是如果你依靠朋友，那就错了，你能依靠的只有自己，牢牢记住，只有你自己！因此，你要学会受委屈，坚信"吃得苦中苦，方为人上人"；学会给别人留点儿余地，有理也给别人三分余地，要知道，与人方便就是与己方便；学会扬长避短，去经营自己的长处，把兴趣和事业结合起来，才是成功的真正"捷径"！

不单是心量与气量，人生的格局也在决定着我们人生的结局。

每一个人，在心里多多少少都会有一个对自己人生格局的规划。这就像一个国际象棋盘一样，每一个方格里面都安放着属于自己的定期目标。我们不需要把目标定得非常巨大，这样看起来会非常难以完成，我们可以把所有的格子填满，把目标分解成一个一个的小目标，这样我们就会发现，原来完成一个目标也并不是什么困难的事情。

这个时候，我们应该充分地了解一件事情，那就是我的未来我做主！只要我们的眼界开阔了，我们的世界就会变得更加丰富多彩，同样，你的见识也会随之增加的，拥有了丰富经验的你，还有什么是可畏惧的呢？

同时，在我们的人生格局中，我们还要学会一件事，那就是舍与得，俗话说得好：鱼和熊掌不可兼得！在所有的事情上，这句话都同样适用，所以，在两件事发生冲突的时候，你就要学会取舍，在进行比较后，选择出你最需要的，放弃相对来说还有发展空间的。这样我们才可能把事情的作用发挥到最大化，对于朋友也是一样的道理，人没有十全十美的，我们要做的是看见他的可取之处，而不是天天盯着他的缺点看，这样我们的关系才会一直和平融洽，你的人际关系也会蒸蒸日上的。

心量决定气量，格局决定结局。本书就通过阐述心量与气量，格局与结局，告诉你成功的路途怎么走。

CONTENTS
目录

上篇　心量决定气量

世人常常烦恼在胸，不能释怀，因此总会被纷杂的世事所扰，找不到心灵的出路。殊不知，这皆是因为很多人心量小的缘故。心量小，便容不下别人，心量小，便容不下世界。只有放宽心量，才能拥有超人的气量，才能在人生的旅途中宽容、淡然。

第一章
我们为什么会苦恼——因为心量小

第二章
心量大有什么表现——万事存一心

第三章

如何提高自己的心量——时时勤修行

第四章

心量狭小有什么影响——没有大气量

第五章

大气量的人如何行事——能断且不乱

第六章

如何提高自己的气量——长养浩然气

下篇　格局决定结局

格局，是一个人成功的首要条件，做人如果没有大的格局，那结局也会差强人意。当你不懂得自己的目标，当你丢失了远见，当你不会布局人生，并且你还不懂得取舍，那么人生的格局就丢失了。

第七章
格局与目标——格局决定目标高低

第八章
格局与远见——格局决定目光长短

第九章
格局与布局——格局决定布局广狭

第十章
格局与取舍——格局决定舍得多寡

第十一章
格局与行为——格局决定生存姿态

第十二章
格局与成败——格局决定成败结局

上篇

心量决定气量

世人常常烦恼在胸，不能释怀，因此总会被纷杂的世事所扰，找不到心灵的出路。殊不知，这皆是因为很多人心量小的缘故。心量小，便容不下别人，心量小，便容不下世界。只有放宽心量，才能拥有超人的气量，才能在人生的旅途中宽容、淡然。

第一章　我们为什么会苦恼
——因为心量小

　　心量太小，就会导致一个人时时处处计较得失，烦恼便如影随形。心量小还会导致人与人之间的攀比，让一个人的心灵过于脆弱，甚至心生怨念。因此，心量是一个人心灵和身体放松与超越的根源，只有放弃小心量，人生才有大气量。

浮躁——因为心量小而一击起波澜

　　现实中常常有人苦苦追寻快乐和幸福的真谛而无所得，殊不知正是种种杞人忧天的心态阻挠了对幸福的感知。如果能有罗马著名哲学家爱比克泰德那样的领悟，一定能发现生活简单快乐许多。因为在他看来，"真正的智者从不为自己没有的悲伤而烦恼，只为自己拥有的欢喜而活"。

　　世界纷繁复杂，令人念念不忘的往往是"得不到的"和"已失去的"，而实际上人生最珍贵的其实是当下所拥有的。正视你所拥有的一切，喜欢并珍惜它们，才能感到满足和幸福。春秋时期卫国的公子荆就是一个懂得知足常乐的人，无论财产多寡，他都觉得足够，而不贪图更多。对此，孔子曾经赞扬他"善居室"。

　　一个人知道满足，才容易感受到幸福和快乐，生活才能够变得简单。当然，"知足"并不意味着没有追求，不思进取，而是要知道控制自己的欲望，在能力范围之内循序渐进地摘取人生的幸福果实。生命就如同行驶在苍茫大海上的一叶扁舟，人生的种种诱惑好似漂浮在大海中的各类宝贝，如果一味地被这些诱惑所吸引，一门心思地执迷于打捞所谓的宝贝而不知满足，最终结果不仅自己疲惫不堪，还可能迷失了航行的方向，甚至让自己的船因为搭载了太多本不重要的欲望而吃重，陷入困境。

丁凯工作的上一家公司规模不是很大，名气也不是很响，给到的薪水和福利也不过中等水平，但公司处于良好的上升势头，很有发展潜力，老板对他也是青睐有加，眼瞅着大好前途触手可及。

然而，在一次业务合作中，对方公司看中了丁凯，私底下向他开出了丰厚的条件挖他过去。丁凯不是没有犹豫，对方公司在业内出了名的喜欢背后耍手段，加上不正当竞争，颇受非议，公司运营出现了很大问题，不少有能力的员工都离职了，选择这个时候加盟他们并非明智之举。可是，一想到对方开出的双倍工资和优厚福利待遇，那套看中的房子仿佛在向他招手，他一咬牙做了决定，很快进入新公司上班。

新公司苦苦支撑了两年，还是破产了，丁凯失业了。本想着在同行业内重新找份工作并不难，谁知之前那段草率的跳槽经历和不光彩的工作背景给他带来了很大的困扰，很多公司明确地表现出对丁凯的不信任。丁凯又沮丧又后悔，只能怪自己被欲望蒙蔽了双眼，内心太过浮躁。

《道德经》有云："罪莫大于可欲，祸莫大于不知足，咎莫大于欲得。故知足之足，常足。"意思是说，天底下没有什么比贪得无厌更大的罪过了，人世间没有什么比不知足更大的灾祸了，世界上也没有什么比想得到一切更大的错误了。所以，懂得知足常乐的人才能够真正获得长久的富足。然而，知足常乐并不是平庸、碌碌无为的借口，而是一种充满智慧的心态，是一种难得的人生修为。

有个富有的人常被人指责自私自利，他自己也很苦恼，前去向一位哲学家求教。哲学家让他走到窗前透过窗户往外看，然后问他："你看到了什么？"那人回答说："外面有很多人。"哲学家又把他带到一面镜子前，又问："这次你看到的是什么？"那人答道："镜子里只有我自己。"哲学家笑了笑，意味深长地说道："镜子和窗户都是玻璃做的，只不过镜子背面多了一层薄薄的银，这点银子挡住了你的视线，所以你的眼中就只看得到自己而看不到别人了。"

懂得知足常乐，能够清心寡欲，才能够不被尘世间的各种诱惑烦恼所困扰，内心安稳不浮躁才是最大的精神财富。但是总有些人醉心于追逐欲望虚荣，结果却像司马迁在《史记》里写到的那样："欲而不知止，失其所以欲；有而不知足，失其所以有。"说的就是：有欲望而不知道控制，连原来的欲望也会失去；有所得而不知道满足，连原来所拥有的也会失去。

在曲阜孔府内宅正门的一面照壁上，绘有一幅传说中天界神兽的图像，它长着龙头、狮尾和麒麟身，看起来威风凛凛，但据说该神兽十分贪婪，虽然已经占有了许多稀罕的宝物，却依然渴望拥有更多，甚至把太阳视作觊觎的目标，试图将太阳吞入肚中，结果活生生被太阳烧死，自食贪得无厌的恶果。据说孔子之所以命人将这种神兽的图案绘在照壁上，就是为了警醒自己的家人无论从政还是生活都要引以为戒，不可贪得无厌。

人人都渴望拥有幸福，对幸福的体验不仅与个人的现实生活状况有关，还与每个人对自己的期望值紧密相关。期望值低一些，就比较容易知足，很容易感到满意并且享受当下的生活，幸福也就来得比较容易；如果期望值总是高过现实，强烈的落差就很容易带来失望和不满，烦恼多了，幸福慢慢变成了需要费力寻找的东西。

欲望就像滚雪球，越滚越大，蛊惑着人们不停追逐。然而欲望不断得到满足就一定能得到幸福和快乐吗？答案远没有这么简单。支撑充实快乐人生的内心，应该是宽广、沉静、充满活力的，这是被欲望煎熬的浮躁之心所远不能及的。

计较——因为心量小而计较出无穷烦恼

除了面对自己，我们每天都可能与形形色色不同的人打交道，每个人的个性不尽相同，在交往的过程中难免会遇到各种矛盾和冲突。如果处处斤斤计较，那么简单摩擦就有可能被无穷放大，最后变成真正的烦恼。要想与人和谐相处，就应该互相体谅，宽容相待，正像《增广贤文》中说的那样："用心计较般般错，退步思量事事宽。"

现实生活中，有些人爱较真，凡事非要弄个是非明白不可，眼里容不得一点沙子，有理时更是得理不饶人。与玩世不恭、敷衍塞责的人相比，对人对事认真的态度无疑是好的。但是过犹不及，太过较真，就容易钻进"牛角尖"，走进"死胡同"，给自己和别人带来不必要的烦恼和精神负担。

太爱较真的人，往往看不到别人的优点，倒是对别人的缺点如数家珍，他们总是盯着别人的疏忽或过失不放，固执己见，与人论短争长，甚至睚眦必报。他们的过分计较很容易引起不必要的纠纷，为人际交往设置了一些人为的障碍。

有一户人家家境殷实，吃穿自不用愁，日子过得很是富足，可这家人总是吵吵闹闹，不得安生。究其原因主要是婆媳矛盾重重，婆婆精明能干，强势严苛，儿媳刁蛮任性，受不得半点委屈。婆媳之间针锋相对，互相怨怼，整个家气氛压抑。

有一次，婆媳俩又发生了争吵，儿媳一时间怨气郁结，恹恹卧床不起。家人请来了大夫，大夫一番诊断之后，发现她身体并没有什么毛病，一番询问便判断出是心病。于是，大夫支开旁人，故意压低声音对郁郁寡欢的儿媳说："你的婆婆这么专横不讲理，身为外人我都气愤不已，我有一个好法子能帮你解气还永绝后患，这里是一些慢性毒药，你把它当做补品熬好，每天按时让你婆婆喝下，保证不出一年半载，你婆婆就会毒发身亡，而且没有任何中毒的症状，别人也不会怀疑到你身上。不过，这期间你一定要装作真正孝敬她的样子，好好伺候她，不能让别人看出破绽。"儿媳想了想，觉得这个办法可行，便点头答应了。

有了这条妙计，受气的儿媳顿时觉得精神了许多，开始认真实施她的复仇大计，她亲力亲为地熬药，熬好后又毕恭毕敬地服侍婆婆喝药。面对儿媳突如其来的态度转变，婆婆起初心怀戒备，没少冷言冷语，儿媳却一反常态地百依百顺，一两个月过去了，儿媳始终态度恭敬，服侍得非常周到。婆婆心里的坚冰渐渐融化了，对儿媳也不像往日那样挑剔为难了，两个人你敬我爱的，不仅再也没有吵过架，而且还像亲生母女一般相处得越来越融洽。

半年时间很快过去了，有一天，儿媳突然想起大夫当初说的话。她觉得自己的决定愚蠢极了，因为她现在发现她和婆婆之间并不是真的水火不容，从前只不过是互不相让而已。想到这里，她连忙去找那位大夫，说她不想让婆婆死，请求大夫施以援手。大夫一副了然于心的样子，很欣慰地说道："我就知道你们能好好相处，放心吧，你婆婆喝的不是毒药，是一些调理的药材。"

俗话说得好："清官难断家务事。"家庭琐事中很难说清谁对谁错的，往往"公说公有理，婆说婆有理"，但大多数时候都可以采取"大事化小，小事化了"的处理方式。如果一味地斤斤计较，各执己见，家庭矛盾只会越来越大。相反，揣上点糊涂，放进点大度，互相谦让体谅一点儿，就能做到家和万事兴。

人际交往中，最忌讳的也是过于较真。环视我们身边，人缘好的人大多能够心胸宽广、不斤斤计较。与人相处难免有摩擦，没有必要太较真，一味求全责备，得饶人处且饶人，难得糊涂，才是高明的处世哲学。

有个人跟着师父修行多年，始终难以得到真正的顿悟。一次，师父带着他前去赴宴，席间一切如常，直到他发现桌上有一盘掺了肉的菜混在满席素食中。他瞬间被激怒了，觉得这是对他们师徒的亵渎。愤然中他决定把那盘菜里的肉翻到最外面，好让主人看到。谁知他师父看出他的意图，迅速伸出筷子把肉重新混进菜中，他很是不解，又一次把肉翻了出来，结果师父很快又出手把肉藏了起来，并且在他耳边低声说道："你若坚持这么做，我就自己把这肉吃掉。"于是他只好忍耐下来。

师徒俩回去的路上，徒弟终于按捺不住问师父："您就不生气吗？大家都知道我们是不沾荤腥的出家人，还把肉混进菜里！我就是想让主人看到，好好地处罚一下可恶的厨子。"

师父淡淡一笑，徐徐说道："人非圣贤，孰能无过？人人都有疏忽大意、不小心犯错的时候，若是每个人都揪住别人的过失不放，时时处处想要苛责别人，那么就会到处充满矛盾和怨气。作为修行的人，我们应该更加懂得宽容和忍让。要按你的意思来处理，会让那家主人觉得很尴尬，尴尬之余，辛辛苦苦干活的厨子又会受到重罚。这样的情景是我最不想看到的，所以我宁可破戒把肉吃进肚中，也不愿意计较这点小事。"

在人际交往中，要想与人建立良好的人际关系，就要有一颗懂得宽容、多为他人思量的心，不要纠缠于斤斤计较的细节或小事，以平和、与人为善的心态和人相处，自然就容易得到他人的善待。

人生匆匆，何必计较太多？要知道，幸福并不在于得到多少，而在于计较的少。斤斤计较的人看似计较的多，得到的多，实际上为自己平添了许多烦恼。某一时刻，幡然醒悟：处处较真，事事计较，关注的不过是一些蝇头小利、微不足道的小事而已，却因为这份计较，把自己的内心拘于一片狭隘的空间，任由烦恼缠身，多么不值得啊！

贪婪——因为心量小而被欲望驱使

欲望是人的生理本能，人如果要生活下去，就一定会有各种各样的欲望，希望得到某种东西或达到某种目的，正所谓"生死根本，欲为第一"。

欲望是高于当下的存在，人们在欲望的作用下不断进取，在获取或实现某些事物的过程中得到满足。纵观人类发展史，欲望对人类进化、社会发展和历史进步的推动作用是不言而喻的。由此可见，不管对个人还是对整个人类社会而言，欲望都具有一定的积极意义。

然而，任何事物都有两面性，欲望也不例外，同样是一把双刃剑。在积极健康的欲望推动下，一个人有机会通过实现欲望取得进步，但如果不能控制自己的欲望，人就会变得贪心，那么这个饥饿的欲望总有一天会连你自己一起吞噬。

对于一个食不果腹的乞丐来说，什么都没有的时候，只有填饱肚皮才是最大的欲望。而当一个人有吃有喝时，欲望就会一点点变多变大，烦恼也就慢慢多了起来。欲望过多过大，必然导致欲壑难填，贪求欲望者往往容易被各种各样的财欲、物欲、色欲、权势欲等迷住心窍，最终导致纵欲成灾，自取灭亡，欲望也就跟着戛然而止了。

人的欲望是没有止境的，贪婪的人会不知不觉地成为欲望的奴隶，被欲望所驱使折磨，在无穷无尽的欲望海洋中苦苦挣扎，甚至为了实现自己的欲望而违背法律道德，带来的却不是真正的满足，而是巨大的烦恼和痛苦。

有个孩子从河边经过，不经意间发现水里有块闪闪发光的东西，他判定那是一块金子，于是连忙跳进河里想把它捞起来。可是一到水里任他怎么找都找不到那块金子，回到岸上等到水波平静下来，他又可以清楚地看到金块。可他一下水又找不到了，反反复复好多次都是徒劳无功，孩子全身湿透了，精疲力尽，索性躺在地上看着水里的金块发呆。

孩子迟迟没有回家，父亲找到了他，看到他狼狈又困惑的样子，赶紧询问出了什么事，孩子把事情经过告诉了父亲。父亲仔细看了看水面，又抬头看了看长在岸边的大树，平静地说道："你看到的东西不在水里，也不是金子，只不过是不知何时落在树上的一块金色亮纸片在阳光下的倒影而已。"

欲望原本只是心中的一个小火苗，运用得当能激励人前进，给人温暖的力量。贪婪使人的欲望变成一团熊熊烈火，想要索取的越多，贪婪之火就会越旺，若不加克制，只忙于追逐各种充斥着名利虚荣的欲望，这团火就会越烧越大，最后完全失去控制，将自己置身于火舌吞噬之中，原本拥有的一切也会化为乌有。

一个穷困潦倒的人向神乞求帮助，心怀怜悯的神给了他一个袋子，告诉他说："每次从里面拿出一枚金币，袋子里就会自动多出一枚金币，你需要多少金币就拿多少，然后把袋子还给我，就可以使用你拿出来的那些金币。"

那个穷人欣喜万分，迫不及待地将手伸进袋子，开始往外拿金币，他不停地拿啊拿，早就超过了他所需要的数目，可是他仍然舍不得收手，总想着在还给神之前再多拿一些。他不吃不喝，只维持一个往外淘金币的动作，最后屋子里到处堆满了金币，这个人却已经奄奄一息了，还试图用最后一丝力气再从袋子里拿金币，动作进行到一半就死去了，满屋的金币也都消失不见了。

人人都有欲望，但无论如何都不能放纵自己的欲望，否则人心不足蛇吞象，贪得无厌，不知满足，只会被无尽的贪欲所毁灭。只有懂得在欲望与自我约束之间寻求一个平衡点，把欲望控制在适当的范围，做人做事懂得适可而止，才能真正享受到人生的快乐与幸福。

怨恨——因为心量小而耿耿于怀

在生活中，我们有时候会受到别人有意或无意的伤害，给我们带来烦恼和痛苦，甚至是无法挽回的损失或者生命轨迹的改变。面对这样的人和他们的行为，我们难免会觉得伤心、愤怒。但如果因此把怨恨和报复当做回击的武器，我们并不能得以释怀，相反会更加地不快乐。

曼德拉曾遭受当局的政治迫害，在监狱中被关押了整整 27 年，受尽了各种虐待。1994 年他当选南非第一位黑人总统。举行总统就任仪式时，曼德拉邀请了三名曾虐待过他的监狱看守到场。当他起身向这三名看守致礼时，在场的所有人包括这三名看守都惊呆了，全场都安静下来了。对此，曼德拉说道："当我走出囚室、迈出通往自由的监狱大门时，我已经清楚地知道，若不能把悲痛与怨恨留在身后，那么我仍将身在狱中。"

处于怨恨之中，就仿佛亲手把自己关在监狱里，心灵得不到放松。很多人意识不到这一点，以为怨恨和报复可以缓解自己受到的伤害，实际上却是用对别人的怨恨再次伤害了自己。

有个富翁准备从三个儿子中选择一个品行最高尚的继承自己的财产，他让三个儿子去外面游历一年，回来后把自己做过的最高尚的事情讲出来，然后从中决定谁是最适合的继承人。

一年后，三个儿子陆续回来了，他们来到富翁面前陈述自己的经历。

老大志在必得地说："我做过的最高尚的事是替一个素不相识的陌生人保管一大袋金币，并且在他意外去世后，主动找到他的家人，把那袋金币一个不少地交给他家人。"

老二也信心满满地说："我做的最高尚的事是在一个荒郊野岭从冰冷的湖水中救起一个落水的小乞丐，还给了这个可怜的人一笔钱帮助他生活。"

听了哥哥们的话，老三显得有些局促不安："我做的事情没有大哥二哥那么高尚。我遇到了一个心怀不轨的人，他企图对我谋财害命，我差点被他害死。后来有一天，我遇见那个人在悬崖边上的树下睡觉，他当时睡得很沉，我能够轻易而举地把他推下悬崖，这样就能报仇雪恨了。但最后我没有那么做，怕他自己不小心翻身掉落悬崖，所以就把他叫醒了。"

听了小儿子的话，富翁觉得高兴极了，他说："诚实和见义勇为是一个正直的人应该具备的品质。不心怀怨恨、睚眦必报，反而帮助仇人脱离危险，这才是真正高尚的行为。"

怨恨是拿别人的错误来惩罚自己，会使人痛苦，甚至失去理智，一心只想报复，试问"冤冤相报何时了"？所以，不妨平心静气，把心放宽点儿，把仇恨看淡点儿，总好过含恨度过生命中永不重来的每一天。

攀比——因为心量小而迷失本性

攀比在我们的生活中无处不在。比来比去，人们被别人所拥有而自己得不到的东西所刺激，有时自惭形秽，默默地妄自菲薄，有时催促自己不管不顾地奋起直追，谁料刚刚赶到某种程度，别人又有其他的优势将你狠狠甩在身后。如此下来，心里总是得不到平衡，反而迷失了自己的本性，忘了自己真正追求的是什么。人与人之间必然是有差异的，承认这一点，不做无谓的攀比很重要。佛家修行中倡导"修行切莫心外求法"。就是要求修行者保持自身本真自然的心，潜心专注于修行，不被心外之物所干扰。

有个修行者多年来致力于修行，眼见比自己后入门的修行者不少已有不错的修为，而自己对于禅道却始终处于一知半解的尴尬境地，不免有些心灰意冷，料想自己定是天资愚钝，不适合学禅。于是他决定放弃修禅，转为行脚的苦行僧。

告别寺庙前，这名修行者前去向自己的师父告别，说自己数年来无法领悟禅意，辜负师父教导，自觉不适合学禅，要去云游四方，寻求觉悟。他师父略感惊讶："难道你到别处就能觉悟了吗？"

修行者沮丧地回答说："这些年来，除了吃饭、睡觉，我把全部精力都放在修禅上，却始终开悟不得。倒是比我后入门的师弟们个个都回归本源。我实在是太差了，还是做个行脚的苦行僧吧！"

师父耐心听完徒弟的抱怨，说道："开悟是内在本性的流露，只可意会不可言传，更不可急于求成。各修行各的，各有各的境界，你为什么要把自己和别人混为一谈呢？"

修行者答道："我时常觉得跟他们相比我就有种小麻雀见大鹏鸟的自愧不如的感觉。"

师父假装不解地问道："在你看来，小麻雀和大鹏有怎样的区别？"

修行者答："大鹏一展翅就能飞越几百里，小麻雀只能在方圆数丈内飞翔。"

师父意味深长地反问道："那么你认为大鹏一跃几百里，就已经能够飞越生死了吗？"

修行者听后静默不语，片刻后若有所思地退出去，从此再不提要做苦行僧的事，专心于修行，最后终有所得。

修行讲究的是内心的平静和醒悟，攀比和计较是烦恼和痛苦的根源，心不静又怎能学禅悟道呢？人生亦如此，觉得累，莫过于攀比、计较得太多。

比较本身并非一无是处，某种意义来说，要想有准确的自我定位，不断超越自己，就必须选定一个参照物进行比较，在此基础上实现进步。但是盲目地攀比则容易迷失自我，不但于进步无益，反倒徒增烦恼。盲目攀比是拿别人的优势来比自己的不足，看到自己不如别人的地方，顿时就丧失了幸福感，一门心思地冲上前去为自己争取相应的东西，却不曾问过自己，别人那些"耀眼"的东西是不是自己内心真正想要的，是不是真的能够给自己带来幸福。而有意义的比较并进取是能够听到自己内心的声音，以坚定的力量去追求自己的人生梦想，从而得到成就感和满足感。

有个小孩觉得整天待在家里看书很是无趣，对着枯燥的书本，他时不时地幻想自己能像神仙一样逍遥自在，云游四海。有一天，小孩耐不住寂寞，偷偷从家里溜出来跑到后面的树林里散心。

谁知看到的景象让小孩大吃一惊，树林里的树木和小草纷纷枯萎了，一片萧条。

"你怎么突然枯萎了？"小孩不解地问一棵无精打采的橡树。"我想长到杨树那么高，不停地把自己往上提，没想到把我的根拉离了土壤，所以就枯萎了……"橡树费力地回答。

"那么杨树，你又是怎么了呢？"听了橡树的话，小孩问身边的杨树。"葡萄能结出甘甜可口的果实，我却不行，想到这个我就很难过，就枯萎了……"小孩简直觉得有些不可思议。

然而，旁边的葡萄也蔫巴巴地趴着，他更疑惑了："连高大的杨树都想变得跟你一样，你怎么也这样了啊？""一直以来我努力地想开出郁金香那样美丽的花朵，却始终也做不到，看来我只能含恨而终了……"葡萄泛着泪光说。

小孩摇了摇头，垂头丧气地准备离开，差点踩到了一棵小草，这几乎是整片树林里唯一一棵健康的植物。

"你是谁呀？"小孩好奇地问小草。"我叫安心草。"小草摇头晃脑地说。"别的植物都枯萎了，为什么只有你是好好的呀？""因为我只想安心地做一棵安心草啊！"

听了这个回答，小孩茅塞顿开，一溜烟儿回到家里拿起书本认真研读起来，从此不再有任何私心杂念。

俗话说，人比人，气死人。这个故事说的就是人要学会正确地给自己定位。尺有所短，寸有所长。每个人都有自己的长处，要学会正确认识、喜欢和爱护自己，不要一味地盲目与别人比较，强迫自己接受或争取自己不可能做到的事情，自找麻烦，自寻苦恼。

孟德斯鸠说得好："如果我们只想获得幸福，那很容易实现；但是我们希望比别人更幸福，却很难，因为我们想象别人的幸福总是超过他们实际的情形。"所以，要想过得幸福，还是少些盲目的攀比，安心经营自己的生活，认真创造属于自己的幸福吧！

固执——因为心量小而放不下

放下执着，就是要我们放下欲望的约束，做事不刻意为了某种目的，凡事遵循个度，不懈怠、不迷惑、不固执，这样才算智慧的人生。

夜过三更，禅师发现自己的小徒弟还在灯下苦读经书，便推门进去问小徒弟："徒儿，这么晚了，你怎么还不休息？"

专心看书的小徒弟被吓了一跳，见是师父，忙站起来恭恭敬敬地答道："师父，我想多学点，好超过师兄。"

禅师听罢，怜爱地摸摸小徒弟的头，笑着说："你师兄入门比你早，悟性也高，目前你要想超过他还有一定的难度。"

小徒弟不服输地认真说道："师父，我相信只要我肯下苦功夫，就一定能超过师兄。"

禅师摇了摇头，给小徒弟讲了这样一个故事。

有一只乌龟在听了祖先在龟兔赛跑中赢了兔子的故事后，一直备受鼓舞，觉得只要自己有恒心、能吃苦，就一定能像祖先一样跑赢兔子。有一天，这只乌龟主动找到一只兔子提出挑战。兔子早就想洗刷祖先在故事里受到的屈辱了，于是欣然应战。

比赛一开始，乌龟拼命地向前跑去，结果费了老大的力气也只跑出了三丈多远。兔子早就跑到了前面，左等右等也不见乌龟追上来，有点不耐烦了，心想要像这样等下去，一天的大好时光都要被浪费了。于是兔子悠闲地边吃路边的野草边往前跑。

远远被落在后面的乌龟则边费力地向前爬边给自己打气："只要我能吃苦，坚持下去，总会跑到终点的。"

正午火辣辣的太阳照得人睁不开眼，精疲力竭的乌龟还在硬撑着一步步往前捱。好不容易爬到一块荫凉地，乌龟真想好好休息一下，可一想兔子以前就是因为中途休息才输了，赶紧强打起精神继续往前走。

可是它不知道，就在它在树荫下苦苦做思想斗争的时候，动作灵敏的兔子早已经晃晃悠悠到了终点。

故事讲完了，禅师意味深长地对小徒弟说："出家人首先需要放下执着，不要为了修行而修行，心里不可有太多执念，凡事须量力而行。"

在我们的人生道路上，人人都渴望获得成功，锲而不舍，坚持不懈是追求成功道路上的重要品质。但如果对自己、对实际情况没有准确恰当的把握，不能做到具体问题具体分析，一味地执着，结果可能适得其反。不保守，不冒进，量力而行，才有可能成功拥抱终点线。

凡事欲速则不达，做事循序渐进，才能得以长久。一口想吃成胖子，急于求成，心中太过执着，就会在无形中放大困难，反而增加了成功的压力和难度。相反，心平气和地量力而行，放下执着，困难反倒迎刃而解了。

脆弱——因为心量小而容易被打败

人生是一场漫长的旅途。初起时，呱呱坠地的新生迎来的是众人的欣喜和祝福，牙牙学语、蹒跚学步时收获的无不是鼓励和喝彩。随着成长，人生的路途越走越远，一直在路两边呵护、守候我们的人渐渐远去，路途也并非永远四平八稳，许多崎岖和坎坷都需要我们独自面对。当我们遇到各种流言蜚语、阻挠打击时，我们应该怎么做呢？

慧缘法师曾独自一人在寺院后的山岩洞上修行了 10 年，后来又回到了承天寺，每夜都会在寺里通宵打坐。

有一天，大殿上功德箱里面的钱突然丢失了，法师无疑成为众人怀疑的对象。因为在他回寺之前从未发生过此类的事情，而且大家都知道他每夜都会在大殿内打坐，如果是别的盗贼前来行窃，他应该知晓才是。但是，当寺院住持当众说这事的时候，慧缘法师并没有任何的反应，所有人都认为偷功德款的人一定就是慧缘了。所以，全寺中的众僧人以及和尚、居士无不对慧缘法师另眼相看，都向他投来鄙视的目光。

但是，慧缘法师处在这种人人怒目相视的环境中，仍然能够心平气和，若无其事。他既没有站出来喊冤叫屈，向众人申明一切，也并没有流露出半点受委屈的情绪，与平常没有两样，每天按时去吃饭、每晚还是照样去大殿打坐。

终于，在 7 天后，寺中的住持才揭开了谜底：原来功德款根本没有丢失，这是住持在考验慧缘法师的，想知道他在山洞中住的 10 年修练出了什么样的境界。没料到他竟能在遭遇冤枉的情况下，依然不改常态，以一颗平常心去生活，为此，全寺上下无不由衷地对他产生了崇敬。

有句歌词唱得好："不经历风雨，怎么见彩虹？"没有人能够随随便便成功，每个人在自己的人生道路上都会或多或少地经历一些困难和挫折。有时候因为别人的不认同或不理解，你或许会成为众矢之的，流言蜚语、冷嘲热讽像利箭一般向你射来，这时如果你是个脆弱的人，你可能会选择屈服妥协，放弃自己的坚持，那么之前所做的一切努力就白费了。直面嘲笑非议，坚持自己的主张，奋勇向前也许并不容易，但相比做一个懦夫而言，懂得坚持的勇敢者的收获总会更多。要知道，美国总统柯立芝曾说过："世界上没有一样东西可以取代毅力。才干不可以，怀才不遇者比比皆是，一事无成的天才很普遍；教育也不可以，世上充满了学无所用的人。只有毅力和决心无往而不胜。"

人生就像赛场，我们时不时需要跨越赛道上的各种障碍，才能最终到达终点。不断与困难挫折作斗争，从困境中突围，寻找新的机遇，才有机会赢得自己的人生。人生其实并没有绝对的逆境或顺境，关键在于能否正确地认识自己，如何对待自己的处境。最大的敌人并不是试图击败你的人，而是你自己。

德谟克利特是希腊著名的哲学家和演说家。他并非生来具有超凡脱俗的口才，相反他曾因口吃障碍而害羞自卑，并因此在声明土地所有权的公开辩论中惨败，从而失去了父亲留给他的土地，深深被人耻笑。这样惨痛的经历如果发生在别人身上，可能会留下终身的阴影。但德谟克利特并没有因此而一蹶不振，他痛定思痛，狠下决心锻炼自己的口才，有机会就在公开场合开展自己的演讲，在他的不懈努力下，他终于使自己从一个连自己财产都无法捍卫的语言障碍者变成了一个伟大的演说家。没有人可以再像当初那样肆意嘲笑他说话，因为他把过去的那些讥笑当成了踩在脚下的基石，这让他站得更加稳固。

在我们的生活中，遇到别人有心或无意的嘲笑时，与其让它们压在心上，把一切变得黯然无光，不如把它们看作磨砺心智的磨刀石，历练自己的心态，让自己变得更加勇敢坚强，更能持久地取得进步。

烦恼——因为心量小而令心灵蒙尘

城市里，清洁工每天都穿梭在大大小小的街道上清扫人们活动所制造的各种垃圾，清扫后的道路更利于行走，洁净的城市更能给人留下好的印象。与此同时，人又是最擅长制造垃圾污染自己的动物之一。我们在光怪陆离的都市行走，接触着形形色色的人，经历着林林总总的事，酝酿着酸甜苦辣的复杂情绪，制造出各种各样的心灵垃圾，却没有专门的清洁工来为我们的心灵提供清扫，我们自己也出于种种原因并不经常整理自己的心灵后花园。那些郁积的情绪、压抑的欲望一层层地堆积下来，挤占了心灵的空间，带来了烦恼，蒙尘的心灵黯淡无光，还影响了对其他美好事物的感知。

南北朝时期，佛教禅宗弟子曾作了一首诗："身是菩提树，心如明镜台。时时勤拂拭，勿使惹尘埃。"虽然这首诗并不能体现对佛法的真正顿悟，但对我们普通人来说颇有实际意义。因为它所提倡的就是要时刻注意照顾自己的心灵和心境，通过修行来抵抗外界诱惑和邪魔的入侵。而我们所需要的正是经常清理自己的心灵垃圾，拂去蒙在心灵上的尘埃，心如明镜，才能洞若观火，明辨是非。

清扫心灵不像日常打扫环境卫生那么单纯简单，但相同点在于都不是一次性的劳动。打扫环境卫生需要时时重复进行，清扫心灵也一样，要恰当、及时地在需要的时候清除拖累心灵的东西。

人生起起伏伏，有时顺顺利利，春风得意；有时困难重重，沮丧失意。不管是身处顺境还是逆境，我们都要懂得及时地清扫自己的心灵。

顺境之中，沉浸在成功的喜悦之中，鲜花和赞美应接不暇，掌声和欢呼声不绝于耳，各种祝贺、应酬、寒暄、吹捧把人哄得晕头转向。不知不觉间，心里滋生出了浮躁、沾沾自喜、自大、炫耀等心灵垃圾，不仅不利于维护当前的成功，而且会造成对下一步行动的威胁。老子在《道德经》里说道："金玉满堂，莫只能守；富贵而骄，自遗其咎，功成身退，天之道。"就是告诫我们要常常警醒自己，尤其是处在人生的巅峰期时，心灵一定要勤于打扫，这样的人生才会壮丽持久。

逆境之中，不如意之事常有，有的人感慨命运不公，无力应对种种挫折，心灵处于崩溃的边缘；有的人倍感世态炎凉，怨天尤人，沮丧不能自拔。这样的处境下，若对心灵的状况置之不理，任由它杂草丛生，那么招来的就不仅仅是些讨厌的蚊蝇，更有可能是有毒的致命细菌，心灵被禁锢在悲观消极的深渊，对摆脱困境毫无帮助。及时地清除心灵垃圾，去除心灵的尘垢，心态积极起来，做到"草不谢荣于春风，木不怨落于秋天"，主动改变和争取，才能尽快从逆境中走出来。

人生旅途中，途经坦途泥泞，看遍花开花落，心境难免会受到各种各样的影响。我们每个人都有整理房间的经历，清扫污浊、丢弃没有价值的东西、合理地进行归置，就能使房间焕然一新，多出许多空间。及时地清理和打扫自己的心灵也一样，能为我们还原原本纯洁美好的心灵，让心灵空间变得更大，能够接纳更多美好。

第二章　心量大有什么表现
——万事存一心

心量大，这表现在一个人的方方面面。比如懂得宽容，比如学会感恩。一个人的心量决定着一个人成事的大小，也影响着一个人处世的成败。只有万事存一心，修炼大的心量，未来才会有新格局。

宽容——原谅别人就是成全自己

宽容是一种美德。"世界上最大的是海洋，比海洋更大的是天空，比天空更广阔的是人的胸怀"。说的就是宽容为怀的道理。

宽容是原谅可容之言、饶恕可容之事、包涵可容之人。要做到宽容并不容易，需要有广阔的胸襟。世人形容弥勒佛，"大肚能容，容天容地，于己何所不容；开口便笑，笑古笑今，凡事付之一笑"。有了宽容的胸怀，才有容天容地、容江海的崇高和博大，才有来自心底的真挚笑容。

有人说："宽容别人就是给自己回旋的余地。"因为没有人能够保证自己永远不犯错，没有任何过失，当自己有过错时，我们一定是希望得到别人的谅解和宽容。如果自己平日里一味抓住别人的过失不放，从来不知宽容为何物的话，又有什么理由要求别人单方面地宽容你呢？正像屠格列夫所说：

"生活过，而不会宽容别人的人，是不配受到别人的宽容的。但是谁能说是不需要宽容的呢？"所以说，对别人宽容就是给自己留下空间和余地。

人与人之间需要相互宽容和理解。宽容可以消除彼此间的隔阂、减少误会、化解不必要的矛盾，是调节人与人之间的关系、减少摩擦、避免碰撞的润滑剂，能帮助人们建立舒适、温暖、和谐的人际关系。

东汉年间有个叫刘宽的人，为人有德行、涵养高。有一次，他乘坐自己的牛车出门，中途遇到有人遗失了自己的牛，看见刘宽正好乘着牛车经过，便怀疑刘宽的牛是自己的。面对这种无端猜疑，刘宽丝毫没有生气，立即下车将牛给了那人，而自己走路回家。没过多久，那个人找到了自己的牛，对于之前的无理举动他觉得很惭愧，把刘宽的牛送了回来并且向刘宽谢罪，表示愿意任凭刘宽处置。对此刘宽只淡淡地说："我的牛与你的牛长得相似，被认错也没什么，还劳烦你把我的牛送回来，我没有什么好怪罪你的。"人们知道这件事后，纷纷称赞刘宽宽容大度。

刘宽生性温和宽容，不曾对人苛责训斥。有一次他的夫人故意让丫鬟在他准备上朝前用羹汤弄脏了他穿戴整齐的官服，想看看他是不是真的像传闻中说的那样宽容。结果刘宽丝毫没有动怒，反而关心丫鬟有没有烫伤，可谓名副其实的宽容为怀。

不仅在生活中，在工作中刘宽也同样宽容厚道。他曾担任尚书令、南阳太守，掌理三郡。处理政务时，刘宽也总是宅心仁厚，对待手下不小心犯错的官吏只是稍作惩戒，有了大的过错就自己主动承担责任，不曾推到下属身上，有功劳时却常常归功于下属，对老百姓也以教导感化为主，深受百姓和下属的拥护和爱戴，管辖内的政治清明，官员同心，政绩斐然。

原谅别人的过失，宽容伤害过自己的人，并不是每个人都能做到。一个人的度量大小，不仅与他的性情、心地有关，还取决于他是否能够有明确的是非判断能力、对自身处境的认知能力和对事情发展趋势的预计能力。换而言之，宽容不仅是一种度量，更是有智慧的表现。能够宽容待人的人，是真正有智慧的人。

历史上赫赫有名的西汉开国功臣韩信，年轻时曾受别人的胯下之辱，后来得到刘邦重用，身份地位显赫一时。衣锦还乡之时，所有人都认为他一定轻饶不了当初羞辱他的那个人，那个人自己也战战兢兢，惶恐不可终日。让人意外的是，韩信不但没有杀那个人雪耻，反倒封那个人做了个小官。韩信说："那个人也算得上个壮士。当年他侮辱我时，我是可以以死相拼，但如果那样至死也不过是个籍籍无名的人，所以一直忍耐到今天。"

对于很多人来说，胯下之辱实在是令人无法直视的打击。但韩信在受辱时默默忍受、有能力报复时大度放弃复仇，是对当时的情境和利害关系做了理智的分析之后的充满智慧的选择。试想，若是当初韩信不堪受辱，非要与那人拼个你死我活，结果必定如他自己所说的那样，至死不过无名小卒；而衣锦还乡之际若是痛下杀手，一除当日之恨，虽在情理之中，但难免会给人留下心胸狭隘、睚眦必报的残暴形象。相反，尽释前嫌、以德报怨的举动则让人觉得他宽容大度，颇具大丈夫襟怀，留下美誉。

美国总统林肯出身贫寒，有一次在参议院演说时，他受到一个参议员的公开羞辱，那名傲慢的参议员不怀好意地说："林肯先生，在你开始演讲之前，我希望你记住自己是个鞋匠的儿子。"说完他面带讥诮地看着林肯，希望看到林肯狼狈不堪的反应。

"非常感谢你使我记起了我的父亲，他已经去世了，我一定记住你的忠⊖

告，我知道我做总统无法像我父亲做鞋匠那样做得好。"面对这公然的挑衅，林肯面不改色地说道，"据我所知，我的父亲以前也为你的家人做过鞋子，如果你的鞋子不合脚，我可以帮你改正它。虽然我不是伟大的鞋匠，但我从小就跟我的父亲学会了做鞋子。"

接着，他又对所有的参议员说："如果我父亲帮你们做的鞋子需要修理或改善，你们同样可以找我帮忙。不过有一点可以肯定，他的手艺是无人能比的。"

林肯对父亲的感情感动了在场所有的人，现场响起了真诚的掌声，连那位发难的参议员都讪讪地鼓起掌来。

有人觉得林肯对待政敌的态度太过软弱，"他们打击你，你应该想办法反击回去、消灭他们才是，为什么试图让他们变成朋友呢？"

"我们难道不是在消灭政敌吗？当我们成为朋友时，政敌就不存在了。"林肯总统温和地说。

至今，以林肯总统名字命名的纪念馆的墙壁上还刻着这样的一段话："对任何人不怀恶意；对一切人宽大仁爱；坚持正义，因为上帝使我们懂得正义；让我们继续努力去完成我们正在从事的事业；包扎我们国家的伤口。"

宽容别人，就是善待自己。宽容不仅是一种美德，更是一种人生智慧。有智慧的人生最应该忘记的是你曾帮助过的人，最应该原谅的是曾经伤害过你的人；最该放弃的是功过事非、名利得失，最需要学会的便是宽容别人。漫长的人生道路上，与宽容为伴，我们能够收获许多。宽容能使友谊天长地久，宽容能使爱情幸福美满，宽容能让世界更加和谐美丽。

感恩——心怀感恩，终得幸福

西方有句谚语这样说道：幸福，是有一颗感恩的心，一个健康的身体，一份称心的工作，一位深爱你的家人，一帮可以信赖的朋友。感恩为幸福之首，不知道感恩的人，永远都不会幸福。中华民族更具有优良的"感恩"传统。"谁言寸草心，报得三春晖"的动人诗句，"滴水之恩，当涌泉相报"的经典词句，集中反映了古人对"感恩"的认同和崇尚。

在一个闹饥荒的城市，一个家庭殷实而且心地善良的面包师把城里最穷的几十个孩子聚集到一块，然后拿出一个盛有面包的篮子，对他们说："这个篮子里的面包你们一人一个。在上帝带来好光景以前，你们每天都可以来拿一个面包。"

瞬间，这些饥饿的孩子仿佛一窝蜂一样涌了上来，他们围着篮子推来挤去大声叫嚷着，谁都想拿到最大的面包。当他们每人都拿到了面包后，竟然没有一个人向这位好心的面包师说声谢谢，就走了。

但是有一个叫依娃的小女孩却例外，她既没有同大家一起吵闹，也没有与其他人争抢，她只是谦让地站在一步以外，等别的孩子都拿到以后，才把剩在篮子里最小的一个面包拿起来。她并没有急于离去，她向面包师表示了感谢，并亲吻了面包师的手之后才向家走去。

第二天，面包师又把盛面包的篮子放到了孩子们的面前，其他孩子依旧如昨日一样疯抢着，羞怯、可怜的依娃只得到一个比头一天还小一半的面包。

当她回家以后，妈妈切开面包，许多崭新、发亮的银币掉了出来。

妈妈惊奇地叫道："立即把钱送回去，一定是揉面的时候不小心揉进去的。赶快去，依娃，赶快去！"当依娃把妈妈的话告诉面包师的时候，面包师面露慈爱地说："不，我的孩子，这没有错。是我把银币放进小面包里的，我要奖励你。愿你永远保持现在这样一颗平安、感恩的心。回家去吧，告诉你妈妈这些钱是你的了。"她激动地跑回了家，告诉了妈妈这个令人兴奋的消息，这是她的感恩之心得到的回报。

懂得感恩，就是对别人的帮助表示感激，是对他人帮助的回报。懂得感恩，才能收获更多的快乐。

对于美国人来说，感恩节是个快乐的日子。可这一年的感恩节，却有一对年轻的夫妇丝毫没有感受到满世界弥漫的幸福节日气氛，他们太穷了，以至于根本没有足够的钱来筹备这个隆重的节日。当他们绝望地互相埋怨，发生争吵时，他们可怜的儿子只能无奈且无助地站在窗前羡慕地看着外面幸福的人。这时，门外响起了敲门声，男孩打开门，看到一个提着大篮子的高大的男人。他满脸笑容地看着这家人，可是他们谁也不认识他。

那个陌生的男人举起那个装满了过节用的东西的篮子愉快地对他们说："祝你们感恩节快乐！这是给你们的感恩节礼物。"这家人有些呆住了，推辞着陌生人递过来的礼物。那个友善的男人把篮子放进男孩怀里，又说了句："希望你们知道有人在关心和爱着你们。"说完男人就转身离开了。

那个男人送来的礼物，使得这个贫寒的家庭及时地过上了感恩节，与往年不同的是，他们心里都更强烈地感受到了感恩的暖流。尤其是那个孩子，他暗暗发誓一定也要像那位陌生人一样去帮助别人。

后来男孩长大了，终于可以勉强养活自己了。工作的第一年的感恩节，他从自己不多的收入里拿出钱来买了不少的食物，他敲响了一个很穷的家庭的门，这家的母亲独自拉扯着六个孩子，感恩节之际却面临着断炊之苦。他对那位无助的母亲说："我是受人之托来送货的，请你收下这些东西，祝你们感恩节快乐！"一个幼小的孩子天真地问道："你是上帝派来帮助我们的天使吗？""不，不，我不是天使，但我知道上帝跟我一样希望你们能度过一个快乐的节日。"说完他把食物交给他们，里面还夹着一张纸条，纸条上这样写道："希望你们知道有人在默默地爱着你们。如果今后你们有能力，请记着把这份关爱传递给其他人。"

懂得感恩的更高境界，是用自己感恩的心去影响、改变世界，感激从别人那里收获到的关爱和帮助，进而把这份善意传递下去，像接力比赛一样，我们每个人都能够成为传递爱的一个环节，让世界充满爱的力量和慈悲。心怀感恩，让我们和世界都变得更加美好。

自律——宽以待人，严以待己

生活在这个大千世界上，需要很好地处理人际关系，需要与朋友友好相处，如何才能做到这一点？通俗地说，必须用善良的心来对待一切，必须时时检点自己，也就是要严以律己；同时，对待朋友要宽容，得饶人处且饶人，也就是宽以待人。《论语·卫灵公》中讲道："躬自厚而薄责于人，则远怨矣。"说的就是，在日常生活中要多责备自己少责备别人，就能远离别人的怨恨。换句话说，就是要求我们以恕己之心恕人，以责人之心责己。要严格地要求和责备自己，而对人则采取宽容的态度，在责备和批评别人的时候应该尽量能够做到和缓宽厚，先想想自己在这方面是否做得够好；宽恕自己的时候，也要先想想对别人是否太过严苛。

孟子曾说：自己做得很少，而去要求别人太多，就像不锄自己田里的野草，却闲得无聊跑去挑剔别人田中的野草，这种人是极其令人厌恶的。

有个人养了一只漂亮的鹦鹉，他对它喜爱有加，美中不足的是这只鹦鹉有个令人生恶的坏毛病，那就是经常发出类似人咳嗽的动静，不仅声音沙哑难听，而且好像喉咙里总是堵着浓痰，听起来让人感觉很不舒服。他带着鹦鹉去看医生，心想若实在医不好这个讨厌的坏毛病，这个鹦鹉可就一点都不可爱了。

医生一番仔细检查后，发现鹦鹉并没有那个人所怀疑的呼吸系统疾病，浑身上下一点毛病都没有。主人表示很不解，"那它为什么会发出那样难听的咳嗽声呢？"医生想了想，回答说："鹦鹉擅长学舌，你们家是不是有人经常咳嗽，所以鹦鹉才学会了咳嗽？"听了医生的解释，那人恍然大悟，继而又有些不好意思。原来鹦鹉正是学的他的咳嗽声。他从来没有想过是自己教会了鹦鹉制造这种噪音，更没有想到这声音本来就是这般不悦耳。

孟子有云：一个有道德的人，在同别人的相处中，由于他能够很好地关心别人，尊敬别人，所以，他也能够得到别人的关心和尊重。这也就是孟子所说的"爱人者，人恒爱之；敬人者，人恒敬之"。他又说道："爱人不亲，反其仁；治人不治，反其智；礼人不答，反其敬——行有不得者皆反求诸己，其身正而天下归之。"说的就是，爱别人却得不到别人的亲近，那就应该反过来问问自己是否不够仁爱；管理别人却得不到很好的效果，那就应该反问自己的管理能力是否不到位；以礼待人却得不到别人相应的礼貌，那就要反问自己是否还不够礼貌——只要是你的行为没有得到预期的效果，都应该反过来检查问题是否出在了自己身上。只有自身行为端正了，才能使天下的人自然归服。自己要经常反思自己的行为，如同曾子一般，"吾日三省吾身：为人谋而不忠乎？与朋友交而不信乎？传不习乎？"才能得到真正的进步。

"以恕己之心恕人则全交，以责人之心责己则寡过"，就是要我们严于律己，宽以待人。其实，宽恕别人就是善待自己。当每个人都能站在别人的角度看问题时，所谓的斤斤计较就会越来越少，矛盾自然也就越来越少。当每个人都能像原谅自己一样去原谅别人时，这个世界就会变得越来越融洽、越来越和谐。

净空法师曾说："谁是真正的有福之人？所谓'严以律己，宽以待人'，这样的人才有福。"法师还说："喜欢归罪于人，是一种缺乏勇气的态度，以及懦弱的表现，人人都应时时具备一颗了解责任与反省的心。"

我们处在一个张扬个性的时代，每个人都有很强的个体意识，每个人都有自己为人处世的行为方式和习惯，所以，人与人之间的关系表现得非常复杂，尤其是朋友同事之间，相处时间长，抬头不见低头见，关系处理起来显得更加微妙。严于律己，宽以待人，乃是同他人处好关系的关键。

要真正做到"严于律己，宽以待人"并不容易，因为一般人往往只看到世间的不满、不美好，就会觉得不满意、不舒服，嗔恼的心就显现起来，就想责怪别人、教训别人。我们看别人的是非过失，总能看得十分分明，但若要反省察觉自己的问题、缺失，却是十分困难。因此关键就在于"以责人之心责己，以恕己之心恕人"。眼睛看到别人的问题，正好用来提醒自己不要做错，如果我们能够这样要求自己就容易进步。往往我们原谅自己很容易，要原谅别人却很困难，能够把原谅自己的心拿来原谅别人，如果我们能像这样做，就可以不断地提高自身的修为。

严于律己，就是要严格要求自己，和蔼可亲，平易近人，报人以微笑；时刻反省自己，提醒自己，尊重别人，推己及人；己所不欲，勿施于人；为人处世，三思而后行；宽以待人，得饶人处且饶人，只要不是原则性的问题，就别求全责备，哪怕别人有缺点，我们也要尽可能地去容忍，人非圣贤，孰能无过，既然如此，我们就要学会去理解、去宽容。

"严于律己，宽以待人"既是一种待人接物的态度，也是一种高尚的道德品质，它能够化解人与人之间的许多矛盾，增强人与人之间的友好情感。

有个人在集市里做小生意，他的货品物美价廉，加上服务态度极好，很多人都愿意去他那里买东西，他也因此招来了同行的忌妒。为了表达他们的不满，同行们常常把自家的垃圾扫到这个人的店门口。事情一而再再而三地发生，这个人却总是笑笑，默默地把垃圾打扫干净。看着这个人似乎总是不把这件事放在心上，有人问他说："大家总是把垃圾堆到你门口，你为什么不生气呢？"这个人笑着回答说："我们家乡每年过年的时候家家户户都不倒垃圾，还把垃圾往里扫，扫得越多，就预示着赚到的钱越多。现在大家每天都帮我集财，我为什么要生气呢？"这个人的话传开后，大家都觉得有些惭愧，类似的事情再也没有发生过了。

这个人宽恕了别人，不仅化解了邻里之间的矛盾，而且赢得了别人的尊重。倘若求全责备，针锋相对，结局一定与此相反。宽以待人，宽以待己可能是放纵；严以待人，严以待己可能是刻薄；严以待人，宽以待己可能是本能；宽以待人，严以待己才应该是追求。

淡然——得之我幸，失之我命

人生十有八九不如意，人生的许多烦恼都源于对得与失的计较，把得失看得太重，就难免为得失而心意难平。我们对于得失不必太过在意，一切随缘，才能保持一颗平常心。

有人说："万物皆无常，有生必有灭，不执着于生灭，心便能安静不起念，而得到永恒的喜悦。人因企求永远的美好，不死而生出了痛苦。"花开花落，草木枯荣，世间万物的有无、得失都存于人的一念之间，不执着于此消彼长的得失，才能保持心态平和，获得真正的快乐。面对人生的得失，我们应该淡然处之，不埋怨，不执念，不被得失所牵绊。

小学童不理解经书里的"得失之间，全乎一心"之说，前去请教自己的师父。

师父没有正面回答小学童，只是吩咐小学童说："你帮我把茶叶拿过来。"

茶叶拿来了，师父又让小学童泡上一杯茶。小学童把茶叶放入杯中，倒进热水，只见茶叶在沸腾的水中逐渐舒展开来，杯里的水渐渐多了茶色，也散发出清幽的香气，让人觉得身心愉悦。喝完了茶，师父问小学童："昨夜狂风骤雨，后院的花不知如何了？"于是两人来到后院。经过一夜风雨飘摇，满院一片凋敝、残败的景象。

"你现在懂了吗？"师父意味深长地问小学童。

小学童若有所悟地点点头。

小学童明白了，你明白了吗？其实得失只存在于人的一念之间，你认为的得到便是得到，认为的失去便是失去。豁达的人明白得失出乎于心，心静了，也就少了许多由得失而起的波澜。

小学童问禅师："你皈依佛门，讲究四大皆空，那么我们来到这个世界究竟是为了什么呢？"

禅师平静地回答说："为了自己的心。"

小学童一脸茫然，显然没有参悟其中的深意，禅师又补充说道："这世界上的东西太多了，而当我们真正做到四大皆空时，世间的一切就都属于我们了。青山绿水、蓝天白云，身心自由了，就拥有了一切。"

小学童仍然不理解地说道："可是这些东西尘世间的人们一样可以拥有啊。"

"不！"禅师肯定地说，"尘世间的人们心里常常记挂着他们最想要的东西，比如财富、名利等，一心想得到这些，也就失去了除此之外的其他事物。"

有人说："人生有两种痛苦，一是得到了自己追求的，一是得不到自己追求的。"患得患失便因此成了一副精神枷锁。得失本在一念之间，当把得失看得过于重要时，就容易迷失真心，生出诸多烦恼。若能抛开关于得失的妄想，生活也就会洒脱、自在许多。得与失，有时只是你的一种心态罢了。

有个穷苦的樵夫好不容易盖起了一间属于自己的房子，总算有了遮风挡雨的地方。可惜好景不长，有一天他从外面回来时，发现自己的房子起火了，尽管大家七手八脚地帮忙救火，但还是无济于事，最后眼睁睁地看着樵夫的家化为废墟。人们还来不及说些安慰的话语，就见樵夫拿着一根棍子在房子的废墟上到处翻找着，人们以为他是想找出些值钱的东西，可是当樵夫拿着一把砍柴刀走出来时，大家都很疑惑。樵夫扬了扬手中的砍柴刀，笑着说："只要有刀，我就还可以努力建造一间更好的房子。"

故事里的樵夫靠砍柴为生，大概他最明白"留得青山在，不怕没柴烧"这句古语了。辛辛苦苦建成的房子被烧毁了，他心里自然不好受，但不管他怎样悲伤，这种损失已经成了既定的事实，回避不了，必须面对。所以，悲伤是次要的，生活仍要继续，就需要保持乐观，努力开创新的生活。

"欲生诸烦恼，欲为诸苦本。放下得失心，得之不喜，失亦无忧，随缘应之。"在人生的每一阶段，成败得失和快乐烦恼都如影相随，无论得意还是失意，我们都应当以淡然的心态来面对生活带给我们的一切，得之我幸，失之我命，不纠结于得失本身，才能不偏不倚，以一颗平常心活出人生的境界。

随缘——缘起缘灭，随遇而安

曾经有个人问一个智者："什么是缘？"

智者想了想，回答说："缘就是命，命就是缘。"

这个人不解其意，又去请求一位禅师赐教。

禅师沉思片刻："阿弥陀佛，缘乃是前生的修炼。"

这个人并不知道自己的前生是什么样的，因此禅师的回答仍然没有解答他的疑惑，因此，他又去问智者："缘到底是什么？"

智者微笑不语，只抬起手指指向天边的云。

这个人顺着智者的手势看过去，只见天边云卷云舒，随风而动，漂浮不定。瞬间这个人豁然开悟：原来缘就像这随时而起的风一样，可遇而不可求，如同那些云一般，聚是缘，散也是缘。

缘，无处不有，无时不在。世间万事万物皆有相遇、相随、相乐的可能性。有可能即有缘，无可能即无缘。我们常说很多事都可以通过不断地追求而实现，唯有缘分难求。茫茫人海之中，缘起缘灭，我们该怎样把握住自己的缘分，抓住最好的机缘呢？

有人说："随缘自在，随遇而安，随缘生活，随心自在，随喜而作，是为生活的密行。若能一切随他去，便是世间自在人。"人活在这个世界上，不可能一帆风顺，事事如意，总会有烦恼和忧愁。当不顺心的事时常萦绕着我们的时候，我们该如何面对呢？"随缘自适，烦恼即去"。

这里所说的"随"，不是跟随，而是顺其自然，不怨恨，不躁进，不过度，不强求；不是随便，是把握机缘，不悲观，不刻板，不慌乱，不忘形。随缘不是不需要有所作为，听天由命，不是教人放弃追求，而是让人以豁达的心态去面对生活。

生活中，每个人都会遇到不如意不顺心的时候，当我们无法改变时，与其抱怨、发牢骚，不如学会面对现实，接受现实，适应环境，发掘新的出路和乐趣，无论在何种境况下都随遇而安，进而求得快乐和幸福。

曹雪芹亲眼见证自己的家庭由盛转衰，急剧败落，饱尝世事艰辛，深感世态炎凉，历尽艰辛、全情投入创作小说。在封建社会，读书人的唯一出路是读圣贤书、参加科举考试，而对于曹雪芹来说，他从自己家的破败过程中看透了封建权势阶级的真面目，不愿再与他们同流合污。他寄情于创作"怨世骂时"的《红楼梦》。尽管当时盛行文字狱，稍有不慎就有牢狱之灾降临，他的写作内容也引起了族人和统治者的猜忌和不满，除了几位好友外，别人都认为他得了"失心疯"，统治者甚至拆毁他的房屋来试图阻止他写作。他穷困交加，连吃饭和买纸笔都成问题，但他始终淡然面对这一切变故和纠葛，随遇而安地把困境当成了动力，从而创作出了重量级的文学作品。

每个人都希望自己的一生顺顺利利，但现实却是残酷的，有时候它会在不经意时给我们迎头一击：当你费尽心思、苦心经营事业并且稍有成绩时，一场突如其来的灾难就可能瞬间把你所有的努力都毁于一旦；当你踌躇满志地设计你的美好未来时，一场莫名其妙的疾病就可能彻底改写你的人生……当面对这样的落差时，要继续生活下去，就必须勇敢地接受现实，学会随遇而安，在变化了的环境里逐步化解一切痛苦和不幸。

《菜根谭》上说："万事皆缘，随遇而安。"人活一世，世事难料，既有高潮也有低谷。如果我们能有坦然的心态、平和的思想，人生自然也就会一切随缘了。随缘的态度能让我们远离比较和嗔恨的苦恼，思想不被焦虑和忧愁牵制，在苦难加身时勇敢承担而不懦弱地逃避，在误解和打击面前没有怨言，活得更加自在快乐！

自然——不强求，不执念

《道德经》有云："人法地，地法天，天法道，道法自然。"说的就是，只有一切顺应自然才是最高的境界。

　　一个修行者前去深山里的古寺拜访方丈，两人探讨佛理，相谈甚欢。不知不觉到了午饭时间，方丈便留修行者吃午饭。

　　不一会儿，寺里的人为他们端来了一大一小两碗面条。方丈把大碗面条推到修行者面前说："你吃这个碗大的吧。"

　　修行者连忙把大碗推到方丈面前，谦让道："还是师父你吃这大碗的吧。"方丈接过碗，没有再继续推让，埋头大吃起来。修行者心里有些不痛快，方丈却仿佛丝毫没有察觉到，依旧吃得津津有味。

　　方丈吃完面，抬头看见放在修行者面前小碗的面纹丝未动，便笑着问他："你为何不吃？"

　　修行者默默地摇摇头，一言不发。

　　方丈又笑着说："你是在怪我不懂得谦让吗？"

　　修行者叹了一口气，还是没有答话。

　　方丈接着问道："我们推来让去、互相谦让的目的是什么？"

　　"当然是让对方吃大碗。"修行者语气有些不满。

　　"既然目的是让对方多吃，让来让去，什么时候才能把面条吃下肚去呢？我没有继续谦让，吃了大碗面条，你又觉得不高兴，难道你不是真心谦让的吗？面条谁吃都是吃，非要推来让去有什么意义呢？"

　　修行者听了方丈的话，心中顿悟。

　　凡事不必太在意外在形式，顺其自然，不造作，不强求就好。

　　小学童向师父发问："师父，您有什么与别人不一样的地方吗？"

　　师父答道："有。"

　　"是什么呢？"小学童好奇地问。

"饿的时候就吃饭,累的时候就睡觉。"师父答道。

"可是世间众人都是如此,这怎么能算得上您与众不同的地方呢?"小学童大惑不解。

"当然不一样,"师父说,"有的人吃饭的时候心里还想着别的事情,一心两用,食不知味;有的人睡觉的时候脑袋里还惦记着其他的东西,所以总是做梦,睡得不好。而对我来说,吃饭时就只吃饭,别的什么都不想;睡觉时只专心睡觉,夜夜都无梦安稳地睡觉。这就是我跟别人不一样的地方。"

生活在都市里的人们,穿行在钢筋水泥的现代建筑中,各种浮华、名利、诱惑漂浮在人们眼前,在人们的头脑里萦绕,不知不觉间人们的心里已经装下了各种各样的念头和欲望,稍不留神便有可能迷失自己,更别提对人对事能像禅师那样一心一意地专注。人们生命中最大的障碍,莫过于丧失了"平常心"。只有把心灵融入我们生活的世界,用心去感受生活中的点点滴滴,才能找到生命的真谛。

真正的平常心是无杂念的、纯净的心。做到心无杂念并不容易,需要不断地磨炼和修行。只有找回了真正的平常心,才能在任何场合下都保持最放松自然的状态,展现圆满的"自我"。

有个人天生口吃,因为这个他很自卑,害怕被别人嘲笑,总是想方设法地掩盖自己的缺陷。

可是,人作为一种社会动物,免不了要和其他人接触和交流,自然免不了要和他人打招呼和交谈。这个人为了不让别人发现自己的问题,总是尽量少说话或者不说话。当别人跟他打招呼时,他就匆匆地用打手势的方式来回应。平日里能不说话的时候他绝不说话,必须开口的时候他也刻意少说。

时间长了，虽然他成功地掩饰了口吃的缺陷，但却引起了其他问题。因为他总是躲躲闪闪地不愿与人交流，又没有说明过原因，渐渐地别人就对他产生了误解，他也不愿意多作解释，误会越来越多，甚至还发展成了隔阂。久而久之，这个人觉得苦恼压抑极了，几乎快要有了自闭的倾向。恰巧这时，他有一个多年不见的发小来探望他，一见面发现他的精神状态很差，便关切地询问起具体情况来。面对老朋友的关心，他压抑多年的自卑和难过突然爆发，声泪俱下地向朋友倾诉了心头的委屈和无奈。

听完他的诉说，身为心理医生的朋友决心帮助他脱离窘境。在两人多次交谈之后，朋友认真地为他分析了导致这种境地的原因，并指导他首先接纳自己，坦然接受自己的语言障碍问题，然后鼓励他积极融入身边的交际，大胆地表达自己，以最自然的状态和别人打交道。

在朋友的帮助下，他慢慢地走出了自我封闭的阴影，逐渐建立起了自信心和认同感，心态变得平和起来。在这种顺其自然的状态下，他很好地融入了社会，和他人的关系越来越融洽，整个人的精神面貌都焕然一新，仿佛得到新生一样，连说话都不怎么结巴了。

人生就像一个大舞台，每个人都在这个舞台上有着自己的一席之地，扮演着各自独一无二、不可或缺的角色，每个人都应该尽自己所能演绎好自己的角色。世界上没有绝对完美的人，每个角色都有自己的长处与不足。所以我们必须首先学会正视自己，接受自己所拥有的一切，不请求，不执念，尊重自己才能尊重他人并且赢得别人的尊重。

人生在世，每个人都需要拥有一颗平常心。这颗平常心指引我们顺应自然，对人对物不过于执着，对所谓的成功和失败也不过于较真，更不以成败论英雄，尽人事，听天命，顺其自然，让生活变得超然洒脱起来。

善良——施恩不求回报

《朱子家训》中提到："施惠无念，受恩莫忘。"意思是说，对人施了恩惠，不要记在心上；受了他人的恩惠，一定要常记在心。

《道德经》里这样说道："上善若水，水善利万物而不争，此乃谦下之德也；故江海所以能为万谷之王者，以其善入于无之间，由此可知不言之教，无为之益也。"水造福万物，滋润大地，既不争高低，又不求回报，是一种谦虚的美德。真正的慈悲是一种悲天悯人的情怀，施恩而不求回报的可贵之处在于无私。

汉朝名将韩信年轻的时候，生活极度贫穷。有一天，韩信找不到饭吃，只好在淮阳城下的小河边钓鱼，当时有很多妇女在河边洗衣，其中有一个洗衣妇看到韩信面黄肌瘦，好像很久没有吃饭的样子，就主动把自己带来的饭食让给韩信吃。一餐又一餐，充满恩情的饭食，韩信就这样一连吃了十几天，天天如此。这让韩信既感动又感激，他觉得恩重如山，于是他对洗衣妇说："我将来一定要好好报答你。"不料想那个洗衣妇却以很平淡的口吻回答说："男子汉大丈夫应当自食其力，我是见你可怜才给你饭吃，看到别人挨饿我也会这样做的，因此根本不希望得到你的任何回报。"

在现实生活中如果能坚守施恩不求回报、受人恩惠时则终生不忘的做人原则，必能积大德于世间。有一些人虽然也知道行善是好的，但是在行善之后因为没有马上得到福报就逐渐变得心灰意冷，甚至怀疑这人世间是否真正存在着善恶必报的天理，那完全是由于善心不够纯正所致。

行善是为了帮助别人，如果在这份善行里掺杂进过多的目的性或功利心，就遮盖住了善心本来的光芒，使其失去了本来的意义。如果每个人都有"施恩不求回报"的思想境界，见人有难，慷慨解囊；遇人罹困，施出援手；事后不管受助者有无回报之举，都能心安理得，无怨无悔。以一颗无私、无求之心做好人、行好事，就能获得更多的爱和幸福。

藏巧——难得糊涂，大智若愚

人都喜欢表现得聪明，即使自己本身并没有那么厉害，也不愿意被冠以"糊涂"的帽子。可是，对于真正聪明的人来说，会装糊涂才是人生的大境界。

有位文化界的前辈很喜欢和青年人进行书信交流，收到书信时却又时常感到不快，因为他觉得这些青年人在信里对他的称呼不够正式庄重，体现不出对他的尊重，因此心中常常闷闷不乐。有一次，因为一个青年人的信上漏写了"先生"两字，他竟大发雷霆，严厉斥责对方对他不敬。没过多久，他又收到另一个青年人的信，这封信里虽然没有忘记称呼"先生"，却只写了他的名，而没有写表字，他又一次被激怒了，狠狠地发了一通脾气。事情传开了，渐渐地，再也没有人给他写信了。

交际是人与人情感的沟通和交流，只要诚恳待人就够了，实在没必要表现得太过精明。交际中太精明容易把简单真挚的关系人为地弄复杂，给人留下刁钻奸猾的印象，使人敬而远之。人际交往中，该糊涂的时候就要糊涂。

俗话说："水至清则无鱼，人至察则无徒。"意思是说水太清澈就没有鱼愿意生活在里面，人过分精明就没有人愿意和你做朋友。所以，做人不要太清醒，"难得糊涂"才是处事的高明之道。

"难得糊涂"一言出自清朝名士郑板桥之口，至今广为流传，被尊为人生的大智慧。此处的"糊涂"之所以"难得"，皆因为这里的"糊涂"是由本不糊涂的人所装出的糊涂，装糊涂本不是一件易事，更难的是恰当地把握糊涂和清醒的时机和分寸。

郑板桥虽出身贫寒，但自幼勤奋好学，学识丰富。他致力于勤学苦读，希望能有机会做官为百姓做些好事。他先后做了"康熙秀才"、"雍正举人"、"乾隆进士"，最终如愿当上了范县县令。

郑板桥为人磊落正直，关心百姓疾苦，廉洁奉公，两袖清风。他看不惯污浊腐败的官场，不屑于与他们同流合污；对商人的巧取豪夺十分不满，对他们的惩治毫不手软。为了百姓的利益，郑板桥屡屡得罪上司和大户，最终被免官职。

自己势单力薄，空有满腹经纶和爱民心切，却无力改变社会现实，郑板桥只能让自己糊涂一些，不去与那些贪官污吏讲理，也不为官场失意而抑郁，使自己免受更大的精神痛苦。他悠然自得地骑着毛驴回到故乡，专心投入诗、书、画的世界，寄情其中，成就了高深的艺术造诣，被誉为"扬州八怪"之一。

聪明、有才华如郑板桥，尚且觉得"聪明难，糊涂难，由聪明而入糊涂更难"。可见，"难得糊涂"确实不简单，但若能掌握这门学问，就能帮助我们在人生博弈中成就自己。

1797年，年轻的拿破仑从大获全胜的意大利战场凯旋而归，他的辉煌战绩使他迅速成为巴黎社交界的新宠，众多名媛贵妇对他追捧不已。虽然拿破仑对这些并不感兴趣，但有些对他青睐有加的仰慕者却紧追不放。才女、文学家斯达尔夫人就是其中之一，几个月来她一直在给拿破仑写信，想要结识这位年轻的英雄。

一次舞会上，斯达尔夫人终于遇到了拿破仑。当时她头上裹着宽大的包头布，手里拿着桂枝，看起来怪异极了。看见拿破仑，她便急切地穿过人群，径直朝着拿破仑走来。拿破仑避无可避，只好跟她交谈起来："我以为只为缪斯才拿着桂枝呢。"斯达尔夫人却认为这是一句可爱的俏皮话，不仅没觉得尴尬，反倒进一步喋喋不休地打听起拿破仑的事情。

出于礼貌，拿破仑并没有用简单粗暴的语言直接结束对他来说毫无意义的攀谈，而是揣着明白当糊涂，答非所问地巧妙地与对方周旋。

"将军，您最喜欢的女人是谁呢？"斯达尔夫人问道。

拿破仑忍住说出"反正不是你"的欲望，礼貌地回答："我的妻子。"

"哦，这个答案太简单了。那么您最欣赏什么样的女人呢？"

"最会料理家务的女人。"

"那么，在您心里，谁配得上女中豪杰这个称号呢？"斯达尔夫人似乎有意无意地希望拿破仑的答案能与自己扯上关系。

"我认为是生了很多孩子的女人，夫人。"

说完，拿破仑话锋一转，不再给她继续追问的机会："今天的这葡萄酒味道真不错。"

"既然您很喜欢这酒，那么让我陪你喝两杯吧。"斯达尔夫人立刻来了兴致。

谁知拿破仑并没有接她的话茬，望着外面，心不在焉地说道："外面好像下雨了。"

斯达尔夫人看了看窗外，马上说道："将军您喜欢下雨天吗？我也很喜欢呢。"

"此时此刻我的妻子应该在给孩子们做饭了吧。"拿破仑还是没理会斯达尔夫人的兴致勃勃，沉思着说道。

几轮对话下来，拿破仑总是不接斯达尔夫人抛过来的话题，自说自话。斯达尔夫人的脸色越来越难看，她知道拿破仑对她不感兴趣，只好扭着腰肢走开了，之后也不再给他写信了。

面对一位自己并不喜欢的女粉丝，拿破仑聪明地装起糊涂来，言语间答非所问、顾左右而言他，既不失绅士风度，也为对方保留了面子，最重要的是巧妙地让对方明白了自己的意思。虽然只是一件小事，从中也可见拿破仑为人处世的机智。

退休的刘阿姨有四个儿子，一家老小三代十多口人挤在一个屋檐下生活了许多年。俗话说"舌头和牙齿都打架"，更别说这十来口子人，在一起的时间长了肯定免不了生出各种是非摩擦。不过，从刘阿姨身上倒看不出什么。她每天都是高高兴兴地到公园里和老朋友们一起聊天、锻炼身体，情绪总是很好。老人们私下会讨论讨论各自的家长里短，轮到刘阿姨时，大家都好奇她对着那么一大家子人操不操心。刘阿姨乐呵呵地回答说："这操心不操心呀，关键看自己。一大家子凑一块儿，事儿肯定少不了。我不操心，因为我有一个诀窍——'假癫不痴'，装糊涂，但不是真傻。绝不能事事当真，事事都管，对于可管可不管的事，我一概不管。孩子们说给我听的那些你长我短的话，我都当成耳旁风，一概装作没听见。"正是这种难得糊涂的智慧，给刘阿姨减少许多烦恼，对她的心情和身体都好处多多。

生活中有时也会充满各种矛盾，有些是非曲直很难分得清楚。难得糊涂，就是把自己的聪明深深地藏在糊涂之中，跳出糊涂看明白，山外看山，乐在其中，这与大智若愚简直同出一辙，正如智谋过人的刘伯温所言："智而能愚，则天下之智莫加矣！"

工作中适当地糊涂一时，融洽了同事之间的关系；婚姻中适当地糊涂一时，品尝到的是爱情的甜蜜；朋友相处适当地糊涂一时，才能感受到友情的真诚；和家人相处适当地糊涂一时，才能体味亲情的温馨……

有一种明白叫糊涂，糊涂是一种大境界。

勇敢——健康的心态总能迎来成功

时间对大多数人来说是公平的，每个人都只有几十年经历人世间的酸甜苦辣和悲欢离合，只不过每个人的经历不同罢了。有些人功成名就，有些人籍籍无名，有些人千古流芳成为众人竞相效仿的偶像，有些人一败涂地被人嫌弃。原因成就结果，对于每个人而言，能力智力、客观环境都可能成为限制自己成功的因素，更不必说才能和技巧的重要性了。但是你还不能忽略的因素是对待生活的态度。

不知道朋友们会不会发现这样一种人在身边：他们自卑，质疑自己的能力，并因此丧失了追求美好生活的激情和动力。殊不知，有很多时候他们都是杞人忧天，真的去实施、落实，他们就会发现，事情没有想象的那么困难，他们没有什么敌人，即使有，那也是他们自己。自卑的心态让他们在起跑线上就落后了。自卑让他们失去尝试的勇气，也就让他们失去了成功的可能。

时下有一句很有名的广告词"一切皆有可能"，如果把它作为自己的心态，可能就不会让不可能成为你成功的心理障碍，畏惧和自卑也就无法给你的大脑下一个框，禁锢你的思想。所以，让我们从现在开始调整好自己的心态，树立扫除障碍、消灭困难的决心。调整好心态，发挥自己的正常水平，你可能很快就会把不可能转化为可能呢。好心态会保证你在起跑线上有好状态，会让你克服退缩和畏惧，直接冲向胜利的终点。

奥运会著名撑杆跳冠军布勃卡曾先后 35 次刷新了撑杆跳高世界纪录，直到现在，还有两项他创造的世界纪录没有人能够打破。

这样的成功人士通常会被记者问成功的秘诀是什么。对此，布勃卡的回答是这样的，他说，那很简单，我每次起跳前，会把自己的心先"摔"过去。

布勃卡的成功并不是一蹴而就的，他曾经不断尝试向新的高度发出冲击，可惜经常以失败告终。这时候，他感到非常苦恼沮丧，觉得自己已经把潜力发挥到了极致，是不可能再有新突破的。

他跟自己的教练说："我确实跳不过去了！"

教练很聪明，并没有训斥他，只是平静地问他心里是怎么想的。

布勃卡的脸一下子红了，他说："一站在起跳线上，看到高高挂起的标杆，我就开始心发慌，腿发抖。"

教练听他说完，大声地喊："布勃卡！那你就闭上眼睛，把自己的心先从标杆上'摔'过去！"

布勃卡听到这句话如梦初醒，又找到了挑战纪录的自信。

重新树立信心后，布勃卡按照教练的吩咐，又开始了训练。不同的是，这一次，他轻轻松松就跃身而过了。一项新的世界纪录就这样再次被打破，布勃卡又一次超越了自我。

教练看着他克服了心魔，欣慰地笑了，他拍着布勃卡的肩膀说，记着，每次撑杆跳之前先把你的心"摔"过去，身体一定会跟着跃过去的。现实生活中，大部分困难和限制都不过是人们不能战胜自己，心魔作怪而已。心态上敢于超越，身体就会有积极的状态和行动，成功也就离你不远了。卡耐基说："我想赢，我一定能赢，结果我又赢了。"成功之前，我们要做的第一件事就是准备好我们的心，让它先过去，世上就没什么事是过不去的了。

孟德斯鸠说，人生而平等，又无不在枷锁之中。实际上，我们经常抹杀自己的创意，认定自己无法成功。这都是我们自己用无形的枷锁禁锢灵魂的自我设障。因此，当我们发现自己寸步难行时，要当机立断，自我排查障碍，解除自设的枷锁，充分发挥自己的潜能。

曾经有人做过这样的实验。教授在一间没有光的屋子里架了一座独木桥，告诉他的学生们，这个屋子里没有光，伸手不见五指，你们不熟悉里面的情况，但是不要紧，你们只要跟着我走就行了。学生们虽然不明白教授的意思，但是都很顺从，跟在教授身后，当然，他们顺利地通过了黑暗小屋中的独木桥。当所有人都走过独木桥的时候，教授打开了屋子里的灯，并且让学生们去看看桥下有什么东西。你可能想不到，大部分学生看完后都大惊失色，甚至还有些人晕了过去。原来，这可不仅仅是一座独木桥，天知道，桥下是一个巨大的水池，十几条鳄鱼在这个水池里优哉游哉地来回游动。在学生们惊魂未定的时候，教授让他们从原路返回。学生们对这个命令置若罔闻，谁也不敢再踏上独木桥一步。教授此时鼓励他们说："我现在的要求就是你们一定要从这座桥返回原地，认为自己是勇敢者的同学们请跟我来吧。"所有的学生仍然站在原地，一动也不敢动。教授面对此情此景，语重心长地说："刚刚你们不是已经顺顺利利地走过了独木桥吗？为什么现在却没有勇气再回去呢？你们不愿意原路返回，并不是因为有困难，而是你们看到鳄鱼之后有了恐惧心理，心态摆不正，所以你们没有勇气再走了。所以，孩子们，请记住，如果说有什么能影响你们走向成功，那不是别的什么原因，只可能是你们的心态。"

也许我们都会在自己身边发现一些碌碌无为、一事无成的人。他们缺少勇气，胆小如鼠，干什么事情都畏首畏尾，还觉得自己很聪明，知道这个不可能，那个不行，总是找各种客观理由证明自己不能成功是因为有困难有阻碍。其实，恰恰是他们的自作聪明让他们的心态"跑偏"了，以至于自己无法处于追求成功的最佳状态，于是，意识中的不可能最终转化为了现实中的不可能。

人人都想取得成功，那么第一步就是让自己拥有健康的心态，能够积极地面对可能遇到的艰难险阻，始终相信自己，不胆怯，不畏惧，从不后退，敢于直面"惨淡的人生"。如果你做到了，那么恭喜你，你已经拥有了成功最好的状态，继续努力吧，前方就是胜利的曙光。

公正——把心放正才能赢得人心

　　人的需求有三个层次，满足了基本层次之后，人们渴望被认可，得到尊重。如果拥有不同凡响的影响力，进而能够通过自己影响周围的人，必须要有比他人更多的认可和支持。怎样才能赢得别人的认可和支持呢？公正是非常关键的因素，人们对于能够做到"公正"的人往往心悦诚服。

　　"水不平则溢，人不平则鸣"，我们可能随时要站在天平上衡量两端的轻重，完全不偏不倚我们可能很难做到，每个人对此的评价标准也不相同。但是，公心对人、平心对事，我们还是能够做到的，只要不以公为私、以私害公，起码我们就可以活得心安理得，对得起自己的良心，做人无愧于心是做大气之人的必要条件。

　　人称青天大人的包拯在历史上以清廉著称，28 岁考上进士后曾经先后做过监察御史、龙图阁大学士、开封府知府等职务。他号称铁面无私，执法公正，不惧权贵，只要事实确凿，他都能做到秉公执法，不徇私情，不接受威逼利诱。

　　包拯曾在庐州为官，处理过自己的堂舅父贪赃枉法的案子。虽然是自己家的亲戚，但是包拯一接到老百姓的状告，当机立断派人去捉拿堂舅父归案，并且做了依法处理。从那以后，原本指望包拯当官能大捞一笔的亲戚们受到了教训，胡作非为的念头也就此熄灭了。

　　无论是平民百姓还是达官贵人，包拯面对案件的原被告都能做到公平正义、一视同仁。在封建王朝，包拯毕竟也是为人臣子，时而要面对皇亲国戚、豪门旺族打通关节的压力，这些都不能影响他的公正。包拯曾经上奏要求罢免某一州县全部官员，因为他们用公家的钱从事贸易，公财受损以数十万计。当地的老百姓发自内心地喜欢包拯，称他是："关节不到，有阎罗包老。"

后来，包拯甚至成了公正清廉的象征。《宋史》中称包拯为包龙图，说他"肺肝冰雪，胸次山河。报国尽忠，临政无阿"。正是公正让包拯享有如此美誉，也反映了人们对公正的强烈要求。

为人处世端平一碗水，不让个人好恶、私情轻重影响自己的处事立世，才能为自己赢得民心，不仅如此，这还是做人的重要原则。为此，我们可以尝试做到下面几点。

首先，把心放正，克制自己的私欲，一个唯利是图、见钱眼开的人，私心膨胀，是不可能做到公平的。

坚持民主，听取身边人的意见和建议，摒弃独断专行，唯我独尊是不可能做到公平的。

主持公道，避免以偏概全，不偏听偏信，处事唯亲，远近有别，也是不可能做到公平的。

"不以物喜，不以己悲"，"先天下之忧而忧，后天下之乐而乐"，是范仲淹的名言，这里讲一个与他有关的小故事。他曾与赵忭，因公事意见不同产生矛盾。王安石更是不断在神宗面前诋毁范仲淹，还说赵忭也能证明自己所说不假。一天，神宗真的问赵忭，范仲淹为人怎么样。赵忭出人意料地简单回答说，他是忠臣。神宗就奇怪了，你为什么说他是忠臣呢？赵忭说了范仲淹曾在帝位出现不稳定情况下请立皇嗣，以此安定国家，这就是忠。赵忭离开皇宫后，王安石找到他问："你不是与范仲淹有仇吗？"赵忭坦然以对："我不敢以私害公。"

"不敢以私害公"，赵忭的大气来他的公心和光明磊落，他以自己的公正获得了朋友王安石的佩服，获得了皇帝的赏识，甚至获得了与自己有矛盾的范仲淹的敬重。

因公废私可能会让自己遇到很多不解，但是这是一种高尚的情操，更是凛然正气的光辉。先贤智者已经为我们树立了学习的楷模，公心待人，公心处事，我们也能够为自己展示一种大气。能够做到公正待人处事的人是不必为得不到他人的尊敬和认可而烦心的。

印度信息系统科技公司是印度最有价值的五大公司之一，墨西是这间公司的负责人，也是印度最受尊敬的企业领导者之一。墨西谈到成功领导的秘诀时强调"公平"，并认为一名"好好先生"不可能成为一名合格的领导者。

墨西的公正原则从招聘环节上就得到体现。他为了避免因此引起争执，制定了严格的应聘程序，实行统一公开考试。他的公司还尽量为每件事设定能够定量考评的标准。其中包括员工的表现，只要是员工能够了解的程序和标准，都会有相应的公开评估的过程。公司管理者不是一成不变，而是根据员工的才能、责任、贡献、工作态度等适时调整应当给予员工的利益回报，以便显示公正。

上述措施之外，公司领导人做决策时也应该做到公正。墨西认为公司领导者的每一个决定都可能对一部分员工产生不利影响。在这种前提下，想要做到公正其实也很简单。对98％的员工有好处的决定就是好的决定，但是领导人需要确保剩下 2% 的员工有机会从其他决定中获得更加有利的对待，这就是公正。

墨西的这些公正原则赢得了员工们真心的爱戴。公司也因此能够留住人才，为公司发展提供了充足的支持和动力。墨西说，自己没有特别的希望，只希望将来别人评价自己的时候，说，"墨西是一个公正的人。"

墨西的公正不仅是他大气做人的原则，也是一种明智的管理策略。

在一个团体中，如果真正有才干的人无法发挥所长，碌碌无为的人却能居高位享厚禄，一时可能只是引起争议，时间长了，大部分可能都不会甘心：一个无论哪方面都不如自己的人，却有比自己高的职位和薪水，凭什么我辛苦工作的成果被这些什么也不懂什么也不会的家伙享受呢？由此可见，不公正特别影响士气，也不得人心。

詹姆斯在《公正是最大的动力》的著作中强调了公正对人类社会发展的重要性，称其为"人类社会发展进步的保证和目标"。他认为公正是对人格的尊重，这种尊重能够让人释放自己的能量到极致。相反，不公正则是对心灵的践踏，甚至是对文明的挑衅，詹姆斯认为不公正简直就是对社会的罪行。最后，他说"坚持公正的管理和处世"是每个人都应当履行的责任和义务。

公正不仅是一视同仁，它还意味着该赏的赏，该罚的罚，不因势弱而诌上，也不因势强而慢下，不喜新厌旧，这些是让人震撼的气度，也是让你拥有人心，调动积极性的关键所在，做到公正，"人心齐，泰山移"并非难事。

第三章 如何提高自己的心量
——时时勤修行

> 现今社会，以年轻人居多，而这些年轻人都有一个通病就是心浮气躁、接受不了别人指出自己的缺点，可是如果不改正这些缺点的话，在这样一个社会环境下又是无法生存的，所以说，这是个很值得我们深思和解决的问题。

放弃——执迷不悟，不若放下

关于得失，从字面上来看，"得"就是得到，"失"就是失去，似乎是相反对立的两个方面。但是，生活复杂多变，且具有整体的关联性，因此，"得"、"失"的意义都不仅仅局限于单纯的字面含义。同样一个"得"字，可以是"舍得"，也可以是"得失"，两个不同的词构成两种完全不同的心境。有智慧的人能够舍，有舍便有得，能得无限的快乐；患得患失，不愿意舍弃任何东西，反而会有失，还将失去了心境的安宁。舍弃并不是随意的丢弃，而是经过智慧的甄选和理性的判断而做出的有选择的放弃。人生不可能达到百分百的完美，但我们却可以通过舍弃一些东西而更接近完善的状态。就像舍弃包裹里多余的累赘物品才能轻装上路一样，我们在人生道路上，常常需要舍弃一些东西，换取更好的东西。比如，放弃虚伪的假我，真实的自我才会出现；放弃有限，才能赢得无限；放弃偏执，才能获得内心的平和。

有个人突然得了一种罕见的怪病，他不停地四处奔波，寻医问药，几乎翻遍了各种医书，却始终没有找到治愈的希望。他日日忧心着这病，心绪始终难平。一次，他偶尔听说远方有个小镇里有包治百病的神水，于是立刻马不停蹄地奔向那里。到了那里，他赶紧跳进传说中的那潭神水中认真地洗起澡来。没想到，满满的希望很快因为加重的病情而化为乌有。他觉得心灰意冷，简直有些绝望了。

这天晚上，他刚入睡就做了一个奇怪的梦，梦里一个须发全白的老头问他："你是否已经试过了所有可以治病的方法？"

他无奈地回答说："是的，所有的方法我都试过了，一点作用都没有，我是不是真的无可救药了？"

白发老头摇了摇头，说："我还有一种方法值得一试。"

白发老头把他带至一个清澈的水池边，告诉他说："在这水里泡一泡，就会康复了。"说完就消失不见了。

他半信半疑地进入水池，当他重新站起来的时候，觉得身上轻松了许多，折磨了他这么长时间的怪病竟然真的彻底好了。

他欣喜若狂，竟从梦中笑着醒了过来。想起梦里的情景，他情绪激动，再也无法入眠。突然想起梦中那个水池边的大石头上写的"抛弃"二字，在梦里时他还不能体会这两个字跟他的病有什么关系，现在仔细一想恍然大悟：自己身上有许多坏习惯，所以才得了这怪病，虽然一直以来到处寻找良药，却只是执着于治病，从来没有想过抛弃这些致病的坏习惯。于是，他下定决心，不再只想着治病，而从最根本的做起，改掉一切坏习惯，没过多久，他的身体就康复了。

　　适时的放弃并不是怯懦和退缩的表现，而是一种豁达、冷静、理智的表现。有时候，成熟并不只表现在更懂得珍惜，也表现为懂得适时放弃。适时放弃并不只是纯粹的失去，有舍有得，这才是适时放弃的重要之处。

　　有个为情所困的人万般苦恼中，向浮云大师寻求帮助。浮云大师便让他跟着自己学禅。这天，浮云大师交给这个人一个很重的包裹，并且告诉他说："这里面装着世界上最重要的东西，你不要轻易打开它，更不能把它弄丢了。"

　　于是，这个人便跟着浮云大师开始四处游历。虽然伴随大师身旁，这个人却始终难以放下自己的心结，仍然心事重重。不过，他倒是牢记着好好看管着那个重要的包裹，片刻不离身。

　　这一天，两人来到一处风景秀丽的地方，山上花团锦簇，青山绿水，分外清幽。面对好山好景，这个人的大半心神似乎仍放在自己那些不愉快的事上。

　　走到山下时，他们需要经过一个深不见底的山涧，只有一座长满青苔的独木桥可供路人行走。看着那个神色凝重的人，浮云大师指着独木桥语带深意地说："奈何桥！"接着又指着桥下幽深的水说："孟婆汤。"

　　那个人一听怔怔地发起呆来，浮云大师轻快地过了桥。那个人也小心翼翼地上了桥，桥面又湿又滑，加上那个沉重的包裹，使他走得很是艰难。好不容易走到桥中间，在对面一直沉默不语的浮云大师突然大喝一声："放下！"把那人吓了一大跳，受惊中手里的包裹不小心掉落了下去。眼看着那包裹掉进水里消失不见，他这么长时间精心看管的世间最重要的东西就这么丢了，他愣在那里不知道该怎么办。这时，浮云大师大笑一声，说道："不舍得，不放下，你怎么过来？"这个人顿觉醍醐灌顶，真切地感受到了山风习习、鸟语花香。

从此以后，山上就多了一座"舍得寺"，寺里正是当初跟随浮云大师的那个人。寺门外有一副对联："舍得方能浮云过，放下自然佛前来。"

浮云大师让那个人好生保管的所谓世上最重要的东西不过是那个人自己心头放不下的执念而已，那些东西压在他心里，使他无暇关注其他。这些执念并非不能丢弃，只不过他自己意识不到该如何放下。浮云大师在恰当的时候教他放弃，给了他一个豁然开朗的心境。

人生就是一个不断学会舍弃和选择的过程，学会了正确的选择和适时的舍弃，也就把握住了自己的人生。古语有云："小不忍则乱大谋。"面对漫长人生路上各种让人眼花缭乱的选择时，则是"小不扔则乱大谋"。所以，面对选择，我们不仅要"该出手时就出手"，更要学会"该放手时就放手"。

一个农夫偶然在沙漠边捡到一块金子，他觉得很高兴，打算拿着它回家买房置地，改善自己的生活。正准备离开时，他突然想到：沙漠里可能还有更多的金子。于是，他走进沙漠开始寻找。不出所料，他果然捡到了越来越多的金子，但不知不觉间走到了沙漠深处，随身带的干粮越来越少，体力也越来越差。他本可以丢下捡到的金子，返身回去，但他舍不得放弃到手的财富，最后抱着一堆金子死在了沙漠里。

当我们面临生活中的种种困惑、烦恼时，不如尝试着放下那些执迷不悟，放下能让你懂得，能有新的收获。放弃不是暴殄天物，而是为了更好地得到。俗话说："拿得起，也要放得下；而放得下，才能拿得起。"懂得放弃是一种智慧，让我们能举重若轻，明智地对待生活。

取舍——有得有失，方得平衡

老子在《道德经》说过："将欲去之，必固举之；将欲夺之，必固予之。将欲灭之，必先学之。"后人把这句话归纳为"将欲取之，必先予之"。说的就是，要想从别人那里得到什么东西，就必须先给予对方什么。世间万物，有所得必有所失。得与失的关系，好比水与火、天与地、阴与阳的关系一样，既对立又统一，处于矛盾的关系之中，彼此之间既相生相克，又相辅相成。得与失形影相随，存在于大千世界的万事万物之中，有得有失，才能达成万物之间的平衡。

西方《圣经》里讲道：人降临到世界上的时候，手是合拢的，似乎在传达"世界是我的"的观点。等到人离开世界的时候，手又是张开的，仿佛在说："看，我什么都没有带走。"由此可见，人的一生也不过是一连串取舍的过程，有取必有舍，有舍必有得。若能真正参透舍与得的道理，就等于找到了开启智慧人生的钥匙。

一个居士向智者诉苦："我乐善好施，我的妻子却非常吝啬，不仅不赞成我布施，就连帮助有困难的亲戚朋友都不乐意。烦请大师教导教导她。"智者跟随居士来到他家，见到了他的妻子。她果然非常吝啬，茶叶就在手边她也没舍得放上一点儿，只捧了杯白开水待客。智者什么话都没有说，只是握紧两个拳头，用拳头夹着杯子喝水。那人的妻子觉得奇怪，忍不住笑了起来："你为什么握着拳头喝水呢？""我天天都这样握着拳头。"智者说。"时间长了，手会变得畸形的。"那人的妻子难得好意地说道。智者装作恍然大悟的样子，摊开拳头，把五根手指分得开开的。那人的妻子见状又笑了，说："手老这么分着，还是不自然，时间长了还是容易畸形啊！"这时，智者收起手掌，说道："不管是总紧握着拳头还是总张开手掌，都不是正常的行为。这就好比我们对待钱财的态度，若是总把钱财死死地攥在手里，不肯放下一点儿，时间长了，人就会变成守财奴，心灵变得扭曲；若总是大手大脚，挥霍无度，不仅最后钱财散尽，心灵同样也会变得畸形。正确地运用钱财，是要让它在流通中实现价值。"

那个女人虽然吝啬，倒也不愚蠢，听完智者的话，她知道智者是要教导她不要过于吝啬。不过她觉得有些没面子，不愿意就此承认自己的错误。正好这个时候，她养的猴子跑进屋里，她顿时有了主意，决定也给智者出个难题。于是，她把猴子抱在怀里，对智者说："大师，你看这只猴子多可爱呀，长得多像人呀，要是大师能把它变成人就好了。"智者笑着说："这猴子只比人多出了一身毛，要是它肯舍弃这身毛，就可以做人了。"那人的妻子连忙说："那就请大师发发慈悲把它变成人吧！"一旁的居士连忙斥责妻子荒谬，并向智者道歉。智者摆摆手，说道："我可以试试看。不过，能不能变成人，就要看它自己如何取舍了。"说完，智者就开始拔猴子身上的毛。手刚伸过去，猴子就疼得龇牙咧嘴，拼命挣扎，从女人的怀里挣脱出来，一下子跑得不见踪影。智者叹了口气，严肃地说道："唉，一毛不拔，如何能做人呢？舍得舍得，有舍才有得，不舍怎么会有得呢？"

很多时候，人们本能地希望自己能不断取得想要的东西，而不想失去自己有的东西。殊不知，"取舍"联系在一起，"取"的前提必定是先"舍"，取舍之间必须保持平衡。纵观历史上的成功者，他们的共同之处都在于，知道该如何取舍。

晋献公准备进攻虢国，必须借道虞国，于是他向群臣询问说服虞国借道的方法。大臣荀息说："您可以把您所珍爱的垂棘玉石和屈产良马送给虞国国君，以表示您的诚意，再向他提出借路一事，应该能够成功。"

晋献公有些犹豫不决，荀息建议他送出的垂棘玉石是他的祖传之宝，屈产宝马是他心爱的坐骑，把它们送给别人他实在有些舍不得。更何况若是宝贝送出去了，对方仍然不愿借路，那就太可惜了。荀息看出了晋献公的担心，又补充说："如果虞国国君肯收下我们的礼物，就肯定会借路给我们，否则，他也不敢轻易接受。"

晋献公还是有些犹豫，下不了决心，于是荀息接着说："您不必舍不得您的这两件宝贝，把它们送给虞国国君，只不过暂时寄存在那里罢了，等打败了虢国，以后您想要取回来这两件宝贝，实在是很容易的事情。"

听了这番话，晋献公心里有底了，同意了荀息的计策。

晋国派使节把礼物送到虞国，并且说明了借路的意图。虞国国君很喜欢那两件宝贝，打算接受下来并且借路给晋国，但却遭到了大夫宫之奇的劝阻："虢国是我们的邻国，我们与他们是唇亡齿寒的关系。如果您借路给晋国攻打虢国，那么等到虢国被消灭后，晋国的下一个目标很快就是我们了。所以，万万不可答应晋国的要求呀！"

虞国国君一心想得到宝玉和良马，完全不理会宫之奇的劝阻，和晋国达成了合作。

果不其然，晋国在顺利剿灭了虢国，班师回朝的途中顺手就消灭了毫无防备的虞国。虞国被灭之后，荀息把宝玉和良马归还给了晋献公。看着失而复得的宝物和新扩展的疆土，晋献公高兴极了，这就是我们平常所说的欲取先予、先舍后得、小舍大得。

而对于虞国国君来说，他不仅没有得到宝物，还成了亡国之君。为了贪图眼前的蝇头小利，罔顾残酷的现实，背弃盟国，置整个国家的安危于不顾，最终导致了国破家亡的巨大灾难，这就是我们常说的因小失大。每个人都向往世间美好的事物，但是我们必须明白：鱼与熊掌不可兼得。为了一棵树而放弃整个森林毕竟是不明智的。所以，必须要有所取舍。不懂得取舍的人，往往什么都得不到，就像斤斤计较的人得不到真正的快乐一样。人生在世，得到的越多，就越容易迷惑，不断地得到和失去，我们才会渐渐明白，只有学会舍得，才能使生活变得更简单快乐。

《金刚经》上说："法尚应舍，何况非法。"但是这种大彻大悟却很难有人做到，不管是舍得，还是取舍，其最高境界不是在你权衡了各种利弊得失之后做出的一种判断，而是在你淡泊了名利，看薄了自己，看透了世间一切"法"的程度上的一种随意的"舍"。这种舍，当然还是舍弃了你觉得很珍贵的、费尽心力得到的、曾追求一生的"法"这个层面的东西。"舍"掉"取舍"，其实比你经过判断后作出的取舍还要难，这或许就是取舍的最高境界。人生的高度是一份知足的恬然，生命的高度是当取则取，当舍则舍，能取能舍，善取善舍的那份安然。

一次，一位执迷者徒步去一座山上烧香求佛。行至半路，他的左脚突然被一根藤蔓绊住了。执迷者只好单腿站立，抬起左脚使劲甩，试图挣脱藤蔓的纠缠。没想到由于用力过猛，左脚的鞋子竟一下子脱了脚，直奔路边的沟谷而去。他急忙去捡，结果却看到鞋子已经悬挂在半山腰崖壁上生出的一棵枣树上，要取回来已经不可能了。

执迷者无奈，只好光着一只脚，一脚高一脚低，像个瘸子一样往前走。一路上，执迷者不仅走得特别费劲，还引来了不少路人的围观和私语窃笑。有个好心的路人建议他干脆把右脚的鞋子也扔掉，也省去一个累赘。他心里却有些不舍，毕竟它还保护着自己的右脚。这样又坚持了一会儿，执迷者终于坚持不下去了，只好依照路人的建议，把右脚的鞋子也扔掉了。双脚赤裸而行，脚底不时传来一些痛楚，执迷者在心疼自己那双鞋的同时，心中越加怨恨那根肇事的藤蔓，怨恨自己粗心大意，怨恨老天不遂人愿，本来好好的心情完全被满腹的怨恨取代了。

好不容易到了寺庙，正好碰上一位智者在向香客们布道。他说："在人生路上，有舍才能得，舍弃人生中一些次要的、可有可无的东西，我们才能得到人生中最主要的、最本质的东西：舍弃一些实的东西，我们才能感到简单生活的乐趣；舍弃一些虚的东西，我们才能感受到心灵飞翔的快感。舍弃烦恼，就得到了快乐；舍弃贪欲，就得到了平和；舍弃怨恨，就得到了解脱。"

听到这里，执迷者的心不禁重新快活起来。因为在智者的启示下，他已经把对那双鞋子的疼惜，把对藤蔓、对自己、对老天的怨恨全都放下了。因为放下了内心的疼惜和怨恨，他把赤脚行走当做了一次免费的足底按摩，微微的疼痛变成了一种享受；把丢失了鞋子当做佛对自己的有意教化，原先的怨恨转化成了一种感恩。不仅如此，生活里日积月累下的那些压抑、郁闷以及那些累和苦啊，也全都烟消云散了，身体在刹那间飘逸起来，仿佛一张开双臂就会飞起来似的，有一种从来没有感到过的空灵和纯粹！生命一下子显得那么舒展而美妙！

在现实生活中，我们经常会遇到很多看似很难解决的问题，此时，我们如果把心胸放宽一些，豁达一些，学会放手，学会舍弃，问题就会轻而易举地被解决。

人生有得就有失，得即是失，失即是得，因此，人生的最高境界就是无得无失。但是人们总是患得患失，未得便患得，既得又患失。所以，最明智的做法就是放弃，放弃是一种境界，大弃大得，小弃小得，不弃不得。

定力——定心定神才能宁静

古人云：心浮则气必躁，气躁则神难凝。心浮气躁，乃是我们人生之中最大的敌人。如果一个人性情轻浮、脾气急躁，那么必定缺少聚精凝神的定力。心生浮躁之气，心神不定、心烦气躁，这般焦躁不安，哪还有谋事之心、立业之志？

例如，现在有些做学问的人不能心无旁骛地专心搞研究，总是期盼着自己能中上一张上百万的彩票，可以吃上一顿免费的午餐；当作家的不甘心、不愿意孤独地埋头写作，总心存侥幸希望可以一夜成名；现在的一些女人总是期望着自己可以嫁个有钱人，少走些弯路，能够轻而易举地过上金玉满堂、养尊处优的生活……

如此可见，浮躁是一种虚浮的心理状态，一个人一旦不能稳住自己的心，沉不住气往往就会变得盲目、浅薄和暴躁，如此继续下去你只会失去自我、本我和真我，在弄不清人生的方向，看不清人生的道路时，只会让你在永无止境的慌乱中逐渐耗费掉自己宝贵的生命和时间。

《世说新语》上有一则小故事叫"割席绝交"，发人深省。

　　说是三国时期，春秋名相管仲的后代管宁外出游学，和华歆两人称兄道弟，两个人天天如影随形，杯光壶影、同榻读书、同床睡觉，相处得很和谐。两个人唯一不同的地方在于，管宁总是能沉下心来读书学习，而华歆却十分浮躁。有一次，管宁和华歆又同席读书的时候，有位达官显贵坐着豪华的轿子从外面路过，管宁熟视无睹，依然聚精会神地读书，然而华歆却忍不住扔下书跑出去看并面露羡慕之意。如此浮躁势必为人浅薄，于是管宁就把席子割成了两半，使两人分开来坐，并表明从此和华歆断绝朋友关系。到最后，管宁名德重望成了有名的大学问家，而华歆在学术上却碌碌无为。

　　管宁给我们留下的不单单是他登峰造极、举世无双的学问，更让我们敬佩的是他内心安定、鄙视浮躁、"割席绝交"的定力。排除一切杂念，凡事实实在在的，这就是我们常说的摒弃心浮气躁、脚踏实地的精神，这是人品和人格的高尚境界。

　　"科技创新应远离浮躁!""人生是短暂的，所以我总是尽量多学习、多做些事情"、"学海茫茫欲问之，惜阴岂止少年时。秉烛求索不觉晚，折得奇花三两枝"……这是中国科学院院士谷超豪先生获得国家最高科学技术奖后发表的感言。他没有旁门左道地寻求捷径，更没有斤斤计较、瞻前顾后地算计，他痛恨并拒绝夸大炫耀、急于求成的作风，心甘情愿地投身于科研工作当中，这便是摒弃了浮躁，这便是滋养了大气。

　　生活的恩赐总是给予那些沉稳的人，只有拭去心灵深处的浮躁才可非凡、成功。

　　许多年前，美国兴起石油开采热，有一个年轻人满怀信心地在一家石油公司找到了工作。他所从事的工作非常简单，就算是一个孩子都可以做得很好：他每天只需要待在生产车库里面，再把已经装好的油桶罐用传送带输送至旋转台上，焊接剂会从上方直接滴落下来，沿着盖子滴转一圈，今天的作业就可以算是结束了，然后油罐下线入库。从上班到下班，天天如此反复着机械运动。

虽然这是一份无聊而且没有技术含量的工作，但是年轻人并没有因此辞职，青年人依旧每天都在勤勤恳恳、一心一意地做好自己的工作，干得不亦乐乎。慢慢地时间长了，他还发现机器在重复运动上百次后，油罐子就会自动旋转一次，那样就必然会有39滴焊接剂滴落，弊端就是总有那么一两滴起不到作用。于是他想，如果能将焊接剂减少一两滴，这样就会减少浪费，节省很多。经过仔细研究后，年轻人终于研究出了"37滴型焊接机"。可是"37滴型焊接机"在作业的时候会出现漏油的现象，经过努力他又很快地研究出了"38滴型焊接机"。在这样的情况下，每当公司焊接一个石油罐盖子的时候，就可以节省一滴焊接剂。虽说每个油罐盖子只节省了一滴油，然而就节省的这"一滴油"，却给公司带来了每年五亿美元的新利润。

这个年轻人，就是美国石油业的掌控者石油大亨——约翰·戴维森·洛克菲勒。

虽然这个工作很是乏味无趣，但是约翰·戴维森·洛克菲勒并没有因此灰心丧气、急功近利，能应付就应付，能推脱就推脱，他依旧还是认真工作、毫不马虎，就是因为这个原因，他才能做出如此惊人的事迹，让人推崇、敬佩。

"成以敬业，毁于浮躁"。置身于日新月异的时代中，我们要是想不断地升华提升自己，就得彻底地净化自己心灵深处的浮躁，更加坚定自己的定力，使自己能真正地静下心、沉下气，脚踏实地地做人做事，要能时时刻刻地掌控自己对生活、对工作的绝对掌控权。

"非淡泊无以明志，非宁静无以致远"。只有内心安定了，才可以去除内心的浮气，才可以拒绝夸大炫耀，急于求成的风气。只有真正地静下心来，谦虚地俯下自己，脚踏实地地做人、兢兢业业做事，这才是去除了内心的浮气，这便是滋养了大气。

沉静——静思冥想才能认识自己

每当孤独降临的时候，我们要做的是去品鉴它，在欣赏完夏花的绚烂之后，不如静下心来，好好地品赏一下秋叶的宁静之美。

回旋曲折的生活使我们内心澎湃，令人心驰神往。可是，在人生的旅途中，和我们相伴最多的还是平静的生活，此时你要学会的是一个人慢慢地品味人生，总会有那么一个时刻，你是孤独无助的。即便如此，也请你不要害怕它，因为这正是人生给你的最美的礼物，就如罗曼·罗兰所说："世上只有一个真理，便是忠实于人生，并且爱它。"

一个人独处的时候，你可以思考很多你平时没有时间思考的事情。这个时候，你的心犹如一朵正在缓缓开放的鲜花。每个人内心都有一个希望，希望自己可以有一个宁静的圣地，那可以是在蔚蓝的大海边，也可以是在安静的森林里的一处住所。此时，你就可以在想象中达到你所希望的圣地。

我们能够通过静思逐渐认识自己。无论什么样的地点，我们都可以做到这样的事情。在与家人相处的时候我们可以静思，在进行工作的时候我们同样可以静思。如果我们经常进行反思，就会让我们对所有事情的价值有重新认识。

不需要每天都强制自己去反思，每天只需要用休息的时间去完成反思就可以了。调整好姿势，把精力集中在每个呼吸上，然后用心去想象，所有的爱、忍让、宽容会将你包围住，净化你的心灵，使你感到爱的温暖，犹如置身于爱的怀抱中。在这样的环境中去呼吸，让它蔓延到全身，使全身都感觉到温暖。你完全可以根据自己的愿望，去制定自己享受这份情感的时间。每一次呼吸都给你的心灵带来更多的爱。享受之后，你会觉得世界都变得美好，心情变得平和，人生更加有动力。

在静思中体会到的寂静太美妙了，它会把你和你之外的世界相连，这一点在你不断遭受到外界噪音刺激时是无法做到的。你可以试一试，下班到家之后，不要忙着开电视机，假如你自己住，那种室内空无一人的感觉或许会让人变得很恐惧，但是如果你成功地度过去了，你自己就会慢慢地适应了。早上的时间可以加以利用，好好地听听自己内心的声音。

你可以安排出一个夜晚，什么都不干，在家里为自己找寻一个安静的地方，安静地待在家里；要是可以的话，再为自己安排一个安静悠闲的周末。当然，假如你是独自生活，安排起来会容易得多，如果你的家人很是配合你，那么你也是可以做到的。全家人在一起，同样可以在家里营造出宁静的气氛，没必要花许多钱躲到外面去找清静。

环境影响心态。现在都市的生活节奏，人们肆意地破坏和污染环境，以及令人难以承受的噪声，等等，都让人难以宁静。当你躲过每天的喧闹声后，你就会发现，此时的你可以更加完全地享受悦耳的声音。找一个没有噪音的晚上，放上一段美妙的音乐，然后全身心投入地去品味它。你也可以把每天看电视的时间用来和你的朋友交谈，这比把时间浪费在那些饶舌节目上有意义得多。如果你有孩子，还可以听听他们对世界的认识。

环境的粉碎机在任何时间任何地点都可以把我们心中的宁静彻底地撕碎，

使人遭受不一样的苦难。对于我们而言，宁静才是我们生命所追随的，心神平静，心无旁用，争取环境的主导权，就能达到陶渊明诗中"结庐在人境，而无车马喧"的境界。

大气——人有雅量，万事皆可成

对于我们的生活来说，很多事情都是不公平的，被上天眷顾的人总是少之又少，至于我们又属于那大部分里面。打个比方，有些人从小就顺风顺水，老天爷都对他们总有格外的恩赐，但是有些人明明已经很努力、很上进了，可是就是四处碰壁，那种心情只有经历过的人才能够深刻体会。

在遇到生活中的不公时，很多人都接受不了，心理承受能力强的人可能灰心失望，反之则会整天怨天尤人、愤世嫉俗，还有些人会出现报仇心理。这些行为或许能够解一时之气，但一点儿实际用处也没有，根本改变不了当前的困境，只能给自己增加格外的麻烦。

试想一下，如果一个人才华四溢、天资聪颖，却被分在基层工作，这样的话，不管是谁或多或少都会感觉到屈辱，如果你心存愤怒而且敷衍行事的话，你还有好的心情工作吗？还能有升职的空间吗？恐怕不能，这个时候老板会认为你连最基本的事情都做不好，怎么可能去执行更深层的工作。

既然对自己不公平的事情已经不能改变了，那不妨就大气点儿、放宽心，不要把心思放在公平与否上，舍弃对生活的不满，大气地接受生活中的挑战，我们应该把生活中的不公看成是我们的挑战，及时做一些更有价值的事情，把所有精神放在升华自己和个人的发展上面，付出总会有回报，总有一天你会收获到成功的。

　　李明来自安徽省的一个偏僻的农村，专科毕业后，为了谋生，他来到上海一家大型企业做保安。一开始，他觉得很颓靡。

　　李明觉得自己从来没被重视过，看着自己过时的装扮，再看着那些光鲜亮丽的白领们，他一度眼红，并有些不服气地问："命运为什么这么不公平？为什么他们可以在这样的公司工作，在干净优雅的办公室里办公，而我只能在风雨里站岗？我只能当保安吗？不行，我要努力和这些人缩短距离，我也要成为他们其中的一员。"

　　从此之后，李明利用休息时间来给自己充电，开始攻克英语、经济管理、社会心理等课程。因为是从头开始，李明学什么都特别用功，就算在回家的火车上都不忘记看书。有些时候，看见队友们在休息的时候看电视、打篮球，他也想玩儿，别人说"你不就是个保安吗"，就是他学习的动力。

　　就这样，"潜伏"了近三年，李明考上了成考的上海师范学院的经管系，他边学习边工作。通过几年的认真学习和实践锻炼，不但他的能力得到了提升，并且以全班第一的优秀成绩毕业。一毕业，他就被一家大公司选中了，工资比保安挣的翻了几番，他已经成为一名真正的白领。

　　出身贫困、没有学历，李明身上有太多的不公，但他不放弃，终于取得了令人瞩目的成功。这个事例告诉我们一个道理：别把心思放在生活对我们的不公上，努力地反抗它，最终会赢得公平和胜利。

　　对于生活的不公，不管谁都有自己的修养、意志、胸怀、境界，正因如此，才会有不同的态度、不同的反应。就因为这些不同，才会有各种各样的人。换句话说，一个人的成长和未来，不是因为他如何看待公平，而是在不公时怎么表现。

有些人，早就知道生活中没有绝对的公平。当不公平出现的时候，他们不会有任何的抱怨情绪，而是把它当做人生必修之课去应对、必做之题去演算。不管生活怎么样，他们都会积极地去对待，让自己没有遗憾。

这方面，当代伟大的科学家斯蒂芬·威廉·霍金是一个经典的楷模。

"我的手指还能活动，我的大脑还能思考，我有终生追求的理想，我有爱我和我爱着的亲人和朋友，我还有一颗感恩的心……"这积极向上的文字正是出自霍金——在轮椅上生活了几十年的残疾人之手。

霍金不是天生残疾的，在他年轻的时候，他是牛津大学公认的最有前途的明星学生，事故发生在大三那年，他的手脚逐渐地变得不利索，有时还会无缘无故地跌倒。专家在为霍金诊断后，判定这是一种罕见的肌肉萎缩性侧索硬化症，即运动神经病，病情还会逐渐地恶化，治疗方面，专家也无能为力，这就说明他的后半生要在轮椅上度过。

祸不单行，1985 年，也就是全身瘫痪数十年后，他又一次遭受到灾难性的打击：因为感染了肺炎，医生必须切除他的气管，这意味着，他永远不能再说话了。

尽管生活对霍金如此不公平，先夺走了他的双腿后夺走了他的声音，只把无尽的痛苦留给了他，霍金并没有用消极的态度面对生活，更没有抱怨，他说："生活是不公平的，不管你的境遇如何，你只能全力以赴！"霍金不断改善自我，用积极的态度去面对生活，如今他的成就已不是我们一两句就能说得清的。

命运对霍金非常不公平，在我们来看简直就是不能接受：他腿不能站、身不能动、口也不能说。但他始终积极乐观地去面对生活的问题，最终为自己争取到了公平，赢得了成功而精彩的人生。

换个角度思考一下，这个世界还是公平的，每个人都要面临死亡。每个人面临死亡的时候，都要直面审视自己的价值，这个价值是有可塑性的，与每个人的起点无关。

萝卜冲萝卜雕花埋怨："论身份，我们都一样。凭什么你上桌的时候价钱比我高几倍，这不公平！"

萝卜雕花笑着回答："因为我比你挨的刀多！"

都是萝卜，只因挨刀多少的不同，才让两个萝卜的身价有了巨大的变化，挨刀多看似很不公平，但能造就充满魅力的雕花。

所以说，上帝还是很公平的，他可能会给你一座高山，攀过高山之后，他会送给你饱经风霜磨炼后的坚强意志；他可能会给你一处暗礁，渡过暗礁之后，他也会送给你一些美丽的浪花。既然如此，我们为什么不能放弃对不公的抱怨呢？

生活中有很多不公平的事情，我们应该大气一点儿，不要过多地计较。我们应该大气积极地面对生活中不公的挑战，坚持自己给自己公平。

虚怀——虚怀若谷，以微笑迎批评

人的一生中，不管是什么样的人物，总会遭到批评。小时候淘气，会受到父母的责骂；上学了又有老师的责骂；参加工作了，意见和批评更是接踵而至……

喜表扬、恶批评，是现在大多数人的心理状态。我们听见别人的批评时就会有很多的负面情绪涌现出来，心里就会极度地抵触，或者当面一套背后一套。

如果，你想培养一份大气，赢得别人的欣赏和爱戴，绝对不能有上面的心理和做法。因为这几种做法显然没有雅量，而且都不算大气的行为，只能让人觉得你不和蔼，不能很好地和你沟通，这样是不好的。反之，那些大气的人大多能够虚心接受别人的批评，甚至笑对批评。认真分析之后，觉得对的便微笑接受，这样就会给人留下真诚、虚心、坦率的好印象。

纵观古今，只要是有成就的人，都是些虚心接受批评的人，历史上的唐太宗是一个贤明的皇帝，他创造出的大唐盛世是中国古代史上最光辉灿烂的时期，然而，能创造出来这样的盛世，很大的原因是因为他从不介意魏征对他的批评。如果他不虚心接受批评，而像秦始皇一样焚书坑儒去排斥批评，或许只会步秦灭之后尘。

掩卷沉思，为什么大多数人都不敢正视批评？被批评了不管说的是否正确就觉得委屈？从心理学上讲，就像让我们面对我们自己，去挑出我们的缺点和不足，我们挑出来的都是真实存在的，对于人来说，本性又是趋利避害的，越真实的东西，我们越害怕，越不想接受。换句话说，别人批评我们是为了能让我们更加直观地去面对自身的缺点和问题。

现代社会，能够简单明了地指出我们缺点的人已经很少了。不管是谁，现在都不愿意去指出你的缺点和弱点，怕因为这个而迁怒于他。从某种程度上说，能够指出我们缺点的人，一定是和我们有着很深感情的人。

春秋战国时期，墨子与他的弟子耕柱之间发生的事情就说明了这个问题。

耕柱本是一代宗师墨子的得意门生，却总是因为各种事情挨骂。有一次，墨子又因为某件事情而批评了耕柱，耕柱觉得非常委屈。在墨子的众多门生当中，耕柱是公认的人才，可是墨子又老是批评他，这让耕柱心里很是郁闷，感觉很没面子。这天，耕柱为此而愤愤不平地问墨子："老师，您为什么老是责骂我，难道在众多弟子中，我真的就如此差劲吗？"墨子听了耕柱的话后，反问道："如果我现在要去太行山，你觉得我是用良马拉车好还是老牛拖车好呢？"耕柱回答说："再愚笨的人也知道，当然选择良马。"

墨子又问耕柱："那么，为什么不用老牛呢？"

耕柱回答说："良马可以担负重任，值得选择。"

墨子说："你的回答正是你想要的答案，我觉得你可以担负重任，所以我才经常鞭策你。"

耕柱听了墨子的这番话后，立马就明白了老师对自己用心良苦。从此以后，耕柱发奋图强，再也没有因为墨子的批评而感到羞愧，耕柱不负众望，终于成为了墨子理想的接班人。

《孔子》有言："良药苦口利于病，忠言逆耳利于行。""人受谏，则圣；木受绳，则直；金受砺，则利。"真正的朋友才会批评你，这也是他们给你的最好的礼物。所以，我们一定要虚心地接受别人的批评，以此为依据来重新审视自己的不足，进而改变自己。

事实上，我们每一个人都会出现失误。我们要为自己的行为负责，这才是出了问题的最好的解决办法。诚恳地接受自己所犯的错误，并及时改正，不仅体现的是我们的涵养，最主要的是能体现出一个人的处事态度，更是一位成功人士所需要的素质。

因此，那些大气的人都是虚心地接受别人的批评，而且还会非常大度地欢迎别人时常地批评和指出自己的不足之处，他们会以此为改正和反思的目标。这使他们不光吸取了别人的智慧，也改正了自身的不足，把自己的事业建立在别人的忠告之上，最终成就了自己的大业。

原一平是"日本推销之神"，他在年轻的时候，有一天来到东京附近的一座寺庙推销保险。他向一位老和尚滔滔不绝地介绍投保的各种各样的好处，可是老和尚从头到尾一句话都没说，但还是把话听完了，然后心平气和地跟他说："年轻人，听了你的介绍，我对你说的投保没有一丝兴趣。你应该先发现自己的不足，否则你以后不会有任何前途的……"

原一平接受了老和尚的教诲，他策划并举行了"原一平批评会"，为了表示自己的真心，他每次开会前都会准备很多东西，把这些都准备妥当之后，他才会去邀请他认识的所有的人，并请他们指出自己的缺点加以批评。"你的个性太急躁了，常常沉不住气"、"你听不进去别人的意见，太自以为是"、"你的专业知识必须得加强"……原一平把这些宝贵的逆耳之言一一做了笔记，作为随时自我提醒和改正的依据。

从 1931 年到 1937 年，"原一平批评会"一共连续举办了六年。他虚心地接受别人对他的批评和指正，每天三令五申。从此以后，他的事业蒸蒸日上，每周的排行榜他总是第一名，通过他的努力，最终成为了日本的"推销之神"。每当谈到自己为什么会成功的时候，原一平这样总结道："如果每个人都能把这种批评工作提前几十年，便有 50% 的人可能让自己成为一名了不起的人。"

原一平能成功，主要在于，他敢于接受批评并且可以虚心地改正它，他的大度使他可以客观地去正视他自身的缺点和不足，并加以改正。人不可能完美，但是他却在用这种方法逐渐地去接近完美。认真地对待批评、真诚地接纳批评、为自己的行为负责、没有牢骚、没有不服气、不需要毫无意义的解释，是大气做人的法则之一，是获得成功的前提。如果你想成为第二个原一平，你就必须要有他的那股大气。

不管是表扬还是批评，我们都应该笑着去接受它，让它作为自己成功的基石，心怀大气，笑对批评，才是我们成功的秘诀。

气度——以博大胸怀承受不公

生活中，我们会遇到各种各样的人和事，必然会有一些误解产生，更甚者会受到一些不公的待遇和委屈。这时，我们应该重新审视这个问题，不能意气用事，我们应该心平气和地去澄清事实，而不是焦躁不安地去计较得失。

被人误解时，我们最需要做的是大度一点儿，超然一点儿，这个时候我们应该多替他人想想，不管他是没有气度也好，小心眼也好，或者说他是不理解我们的用心也好，都不必去计较。如果真的是我们错了的话，辩解又有什么用呢？而此时，我们需要做的只有改正罢了。如果我们没错，那就更不需要辩解了，此时的辩解只是多余的。

这个时候我们应该去考虑的是，究竟哪里做错了，才会导致被误会。下次一定要注意，不要再发生这样的事，不要再让人误解自己，而不是去做那些无力的狡辩。这是摆脱自我局限、走向成熟大气的必须。

总体来说，误解的形成原因有两个：一是自己本身的言行给人造成困扰，说话不够明确、谨慎，行事不够周到，让人会有不明白你在说什么的感觉，使人不能了解事情的实质；二是对方的猜想，对相同的事每个人都会有不同的理解，主导这些的就是每个人所受到的学历、家庭背景、经历等各方面因素。

伟大的革命导师马克思和恩格斯是志同道合的朋友、亲密无间的战友，然而他们也发生过误会。那一次，恩格斯的夫人去世了，他十分悲痛，就把此事告诉了好友马克思。由于马克思正忙于理论研究，在回信时没有提及这件事。而恩格斯也因为丧失爱妻希望得到好友的安抚，然而因为马克思的大意严重地伤了恩格斯的心。恩格斯很生气，就不再和马克思联系。这时马克思连忙写信了解情况。恩格斯说明了问题后，马克思才恍然大悟连忙写信道歉。于是误解消除了，两人和好如初，继续携手奋斗。

这个小故事告诉我们：误解是可以消除的，重要的是我们怎样做。

对于误解，我们有很多的解决办法，面对面当然是最快捷的方法。然而最好的办法就是无声的回答，当语言已经不能解决什么问题的时候，凡是有气度的人，都是这样做的。这里让我们来看个事例。

那天等车的人特别多，一个穿着时尚的长发女孩刚刚挤上公交车，就觉得自己的长发被后边的人拉着，她猛地转身就是一巴掌。"啪"的一声脆响，全车人的目光都投向挨耳光的人身上，后面站着的是一个小武警！

长发姑娘怒吼道："你竟然敢拉扯我的头发，本姑娘是随便可以欺负的吗？"

小武警此时并没有出声，只是微笑着，有些脸红。

"武警怎么了？还无法无天了？"长发姑娘还是说这小武警的不是，其他人也对小武警指指点点的。

小武警脸更红了，指了指车门。

大家一看才发现，长发原来是被车门夹住了。姑娘的脸一下就红了，此时说不出来一句话，其他乘客看不过去，纷纷指责那个姑娘。

小武警始终没有开口，只是略有些僵硬地朝所有人笑了笑，许是表示谅解。仿佛是为了不让姑娘难堪，车刚停，小武警就下车了。

看着小武警离去的身影，姑娘愧疚地低下了头。

故事中的小武警有着开阔的胸怀和气度，以至于他可以容忍姑娘对他的误解，更不计较别人的想法。当真相浮出水面的时候，大家也对他流露出了敬佩之情。

被人误会的时候，我们要做的是面露微笑，心中那种不被理解是常人无法体会的。然而就是这种处事，也是一种超群的智慧。面露平和欢愉的微笑，才可以让人信任你，才更容易让别人接受你，同样，微笑反映出的是自己内心的坦荡和友善，可以使对方更加冷静一些。

采取以上方法后，大多可以排除彼此的误解，化解内心的委屈，可以让自己和对方都很快地轻松起来。如果对方不通情达理，那么我们也无须和他多说什么，这样的朋友不要也罢。

被人误解时，心情是很委屈苦闷的，千万不要意气用事，最好的办法就是无声的回答，当语言已经不能解决什么问题的时候，凡是有气度的人，都是这样做的。

留余地——与人方便，给己方便

中国自古以来就有"死要面子活受罪"的老话，虽然不乏讽刺意味，但是也说明在人际交往中，"面子"的重要意义。有些人，视钱财如粪土，视名利如浮云，唯独对"面子"情有独钟。说到底，"面子"就是做人的尊严，人不可有傲气，但是一定要有傲骨，需要别人的重视和尊重。

好面子无可厚非，这是人的正常需求，但是如果只顾自己的面子伤了别人的面子，就不妙了，小则可能产生不必要的矛盾，大则可能闹出人命；那些时时刻刻都给他人留点儿余地，留点儿面子的人通常是受欢迎的人。谦和是君子之风，君子首先要照顾到别人的面子。

明太祖朱元璋就是一个特别爱面子的人。他出身贫寒，小时候曾给有钱人放过牛，甚至为了一口饱饭出家为僧。当朱元璋推翻元朝当上了皇帝，早年间在家乡的亲朋好友纷纷来京投亲靠友，期望朱元璋念在昔日一起长大、患难与共的情分上获得一官半职，谋得荣华富贵。可惜，大多数人都没有认清朱元璋最忌讳别人揭他老底的性格，结果闯了祸事。

这一天，曾经的患难伙伴几经周折终于见到了朱元璋。他们故友重逢又有指日可待的荣华富贵，自然非常高兴。其中一人怕朱元璋忘了自己，站在金殿上张口就说："朱老四，你现在当了皇帝是很威风啊！但是咱们可是一起给有钱人放过牛的呀，你还记不记得有一次咱们在芦苇荡里用瓦罐煮偷来的豆子吃，结果你等不及煮熟就抢着吃，还把瓦罐打烂了，豆子都撒了，我们连汤也没得喝。你就顾着抢着抓地上的豆子吃，还把红草叶子也吃了，谁知道卡在喉咙里，差点儿噎死，你还记得不，是我叫你用青菜叶子带那根红草叶子下肚子里的呢……"要面子的朱元璋甚至等不及这个人说完，就连声叫侍卫把他拉出去砍了。

解决完这个不长眼色的老朋友，朱元璋凶神恶煞地盯着另外一个老友，看他要怎么说。这位老兄很聪明，当然，也很了解朱元璋，他从小就爱面子嘛，所以，先是老老实实地三跪九叩，然后高呼万岁，最后说道："那年微臣伴驾扫荡芦州府，打破罐州城，汤将军逃跑，拿住豆将军，红孩子闹事，多亏菜将军。"朱元璋听了知道他说的是同样一件事情，但是用词知道避讳，也没有让自己丢面子，算是个知情识趣的人，一下心情很好，就封他做了个大官。

同样的事情，同样是曾经患难与共的老兄弟，会说话的得了好处，得到了自己想要的荣华富贵，另一个不会说话，不给朱元璋留面子，不仅没有得到自己想要的一切，还白白送了性命。因此，我们说，照顾自己面子的同时更需要照顾的是别人的面子，给别人留一点儿余地，就是给日后的自己留下了方便之门。

爱美之心，人皆有之，很多人也都跟朱元璋一样希望在别人面前表现最好的自己，因此，势必不会喜欢当面揭他短，戳他痛处的人，因为这跟当面扇了自己两个耳光一样丢脸，又怎么肯善罢甘休呢？所以，与人交往，我们一定要给别人留面子、留余地。

"打人不打脸，揭人不揭短"是中国古人智慧的结晶，对上位者没必要谄媚，对下位者也要给予尊重，一是可以避免不必要的麻烦；二是为今后在困难之际留些回旋的余地打开方便之门。有了这两点，看似纷繁复杂的人际关系会变得简单，很多无法解决的问题可以顺利处理。所以，我们为什么不给他人留点儿余地，给自己留点儿方便呢？

"以和为贵"是古今中外通用的处事原则。聪明人总是尽可能地维护别人的面子，不仅赢得了别人的好感，也提高了自己的地位，良好的人际关系只是这些好处的附加品罢了。英国前首相本杰明·狄斯累利在这方面就给我们树立了好榜样。

曾经有个很有野心的军官特别想要获得男爵的封号，他本人倒是能力很强，狄斯累利也很想跟他和睦相处。但是，这名军官还达不到加封男爵的条件，狄斯累利认真负责，自然也就无法满足他的要求，本来是照章办事，没想到却让这名军官觉得伤了面子。

当他又一次接到这名军官加封男爵的请求时，狄斯累利想，他必须要做些什么，可不能因为自己的再次拒绝给自己树立一个敌人，于是，他请这名军官单独到他的办公室，用见到老朋友的口吻说："亲爱的朋友，按照办事规程，我对自己不能给你男爵封号感到十分抱歉，但是，你看我告诉所有人我曾多次请你接受男爵封号都被你拒绝了，这样可以吗？"

事情按照首相想象的那样发展了，消息传出后，大家都认为这名军官大公无私、谦虚而又淡泊名利，给予了他远甚于男爵的礼遇和尊敬。军官不但不再强求狄斯累利给他封爵，还发自内心地感激狄斯累利，后来还成为狄斯累利最忠诚的伙伴和军事后盾。

人的内心十分微妙，相应的"面子问题"也是如此，很多时候只可意会，难以言传，不过我们有两条建议可以给大家。

第一，可能伤害别人面子的事情不要做。当面羞辱人，进行人身攻击，大庭广众之下揭露别人的短处，公开强硬地给对方提建议，不看场合，赢别人太多，抢别人的风头、功劳和机会等，这些事情都可能伤害别人的面子，我们最好避开雷区，给他人留点儿余地。

第二，为人处世主动给他人留面子。在别人面前说对方的好话，主动向对方表示祝贺，适度地夸赞，及时化解尴尬等，都是主动给他人留面子的表现，都能让别人对你心生好感。

卡耐基是成功学的始祖，他坚持沟通三原则，给人留面子就是其中之一。卡耐基认为挑剔别人的错误，最可能的结果是使他产生逆反心理，而不是让他知道自己的错处，更严重的是他可能因此伤害你。因此，卡耐基认为如果你能让别人保住面子，就能获得对方的感激，还能有求必应。

真正聪明的人，无论处在什么境地，即使富甲一方或者权倾天下，都会善待他人，给别人留点儿面子。要知道，凡事给他人留面子，自己才能有面子。给别人留余地，就是给自己留方便。

如果你曾经做过不给人留面子的事情，从现在开始检视自己吧，改掉这个坏习惯。因为，你给别人面子，别人才会在你需要的时候为你打开方便之门，提供援助之手，这样，对自己来说可能收获远大于付出，何乐而不为？

委屈——会受委屈才能学会生存

委屈跟痛苦一样，在每个人的生活中都扮演着不可或缺的角色。有些委屈是因为对方的情绪，难以沟通；有些委屈是世易时移，总有是非难辨的时候……人不轻狂枉少年，年少时的我们可能会为了一点点委屈，急得跳起来，一定要让真相大白才能罢休，即使脸红脖子粗地争论也在所不惜。其实，有大气量的人反而自尊心不那么容易受到伤害，他们更能忍受委屈。

王云是一家广告公司的文案策划，有一天老板要求她整理一份材料，十分着急，下次开策划会议的时候就要用。王云立即投入了工作，还在公司加了两天班，饭没好好吃，觉没好好睡，终于做出了一份合格的文案，并且第一时间把文案放到了老板桌上，当时老板正在打电话，就示意她把文案放在桌子上。

谁知道，两天后老板怒气冲冲地到王云面前质问她为什么不按照要求准备好材料，还说她工作太没有效率，耽误了开会。

王云觉得自己挨这顿劈头盖脸的指责太冤枉了，自己辛辛苦苦地工作还要为别人的过错买单，一时怒火冲天的王云当着其他员工的面冲老板嚷嚷起来："我把文案放到你桌上的时候你还点头了呢，怎么现在反而来怪我？"

"那真是抱歉，我可没见过你的文案。现在我确实没看见过它，你怎么证明你已经给我了呢？我的精力是有限的，有那么多重要的事情等着我，你不会是还要求我管文案这种琐事吧？"老板理直气壮地把王云压了回去，还请她离开了公司。

职场人士对于这种情况应该是屡见不鲜了，说实话，人生在世，受点儿委屈在所难免，在职场上上司给的委屈即使再不好受也得受下去，否则，自己酿的苦果还要自己吞下去。从上面的故事我们明显可以看出，王云是典型的涉世未深，为了争口气把自己心里想的话大声说出来，自己出了气，也收到了公司的辞退信。

成熟理智的人不会意气用事，能够承受委屈，因为他们知道，不能受委屈的结果就是承受更大的委屈。职场上更是如此，你不能指望得到别人的理解，上司也不会轻易去"安抚人心"，相反，你的事业特别需要他人的支持和帮助。

既然事实如此，我们为什么不学着把委屈当成动力，用迂回委婉的方式去处理问题，关注那些比委屈更重要的事情，为自己的生存和发展谋求更好的环境。这样想的话，受点委屈不是委屈，还可能是福气呢。那么，我们甘愿受委屈是为了什么呢？给别人一个台阶，让问题得到及时解决。

故事中的王云如果不是首先想到为自己辩解，换一种方式，平静地处理问题，告诉老板自己会立即找到那份文案交给老板，保证会议的正常顺利进行，再找恰当的时机委婉地提醒老板当天发生的事。这样，既不影响工作，也给老板留下了负责任且会办事的好印象。双方能够维持良好的雇佣关系，还可能因为这次小意外有更加良好有效的沟通呢。

吃得苦中苦，方为人上人，能够承受委屈的人，往往胸襟更开阔、意志更顽强。事业有成的社会精英背后，不仅有成功的光环，也一定有异于常人的委屈。他们宽广的胸怀，为自己提供了广阔的人生舞台，让他们持续不断地朝着成功的大门迈进。

　　张美丽在一家制药企业当文秘，老板非常严肃，张美丽的工作只要一出现什么问题，他的脸色马上就变得阴沉，还会当面斥责张美丽，也不管是不是张美丽的责任，声色俱厉是最好的形容词。

　　张美丽也感到非常委屈，觉得老板从来不会跟自己换位思考，只是盲目地要求自己。每当受到这种委屈的时候，张美丽都想干脆辞职走人。但是，她又不甘心，觉得如果自己选择现在离开，除了能证明自己的失败，于事无补。因此，她闷着一口气，努力工作，不仅证明了自己的实力，还成为公司的骨干员工，受到老板的器重。最郁闷的一年里，张美丽先后写过五六次辞职信，不过它们都被张美丽锁在办公室的抽屉里不见天日。张美丽最终凭借优秀的表现升了办公室主任一职，她与公司共同成长，一起进步。

　　张美丽总结自己的成功时说："又不是在自己家里，受点委屈是避免不了的。每次遇到问题，当时可能觉得再也过不去了，事后想想，忍一忍也就过去了，没什么大不了的。在职场上，比能力更重要的是好心态、大气量。"

　　"在职场上，比能力更重要的是好心态、大气量"，阿里巴巴创始人马云有自己的说法，他说："男人的胸怀是被委屈撑大的。"是呀，别人给你委屈不要紧，关键是你自己有宽大能容的胸怀。

　　受了委屈我们自然需要找到合适的情感宣泄途径，你可以向好朋友倾诉，也可以充分运用微信、微博等社交网络，实在不行，你也可以找个空旷的地方大吼几声，痛痛快快地哭一场，另外，跑步、听音乐也是很好的缓解紧张情绪的方法。宣泄完情绪后，你还要思考自己的问题在哪里，下一步应该怎么做。

　　找回那个不抱怨的自己，忘记委屈，面带笑容，迎着朝阳，去寻找自己的天地。

　　诚然，受委屈很不好受，但是这种情况往往可能无法更改，不如把自己有限的精力放在更重要的事情上，为自己的生存和发展创造条件。聪明人学着承受委屈，还会把委屈化为动力，化解矛盾，解决问题的最好方法就是锻造博大的胸怀。

胸怀——宽广的胸怀是人格的标杆

　　外表、事业成就、言行举止等都可能成为我们仰慕一个人的原因，这些也是最能够吸引我们的因素。但是，理智地分析则会让我们发现，只有高尚的人格才是一个人最吸引人、最具魅力之所在。

　　宽广的胸怀是高尚人格的重要标志。

　　有人说，胸怀有多大，事业就有多大。这跟"宰相肚里能撑船"的老话有异曲同工之妙。看看自己四周，是不是有很多有才干有能力十分优秀的人，事业发展好像总是被什么东西限制着，没有成就大事业。实际上，他们的才干和学识都没有问题，只是短浅的目光和狭隘的心胸限制了他们思考和处事的能力。名利于我如浮云，是怎样的豁达！我们往往受名利所累，因此，只有放下一己私利，才能获得心境的轻松。为着大家的利益，把自己的利益与大多数人的利益结合起来，心胸自然会开阔，整个人也将豁然开朗。

　　宽广的胸怀具有格外的重要性，它是一个人的人格品位和质量的反映；是一个人待人处事的气量和风度。所谓胸怀，是"掌上千秋史，胸中百万兵"的雄韬伟略，是"穷则独善其身"，退可居无所的豁然；所谓胸怀，是"先天下之忧而忧，后天下之乐而乐"，忧国忧民的品格，是"海纳百川有容乃大"，兼容并蓄的气度；所谓胸怀，是"宜将胜勇追穷寇，不可沽名学霸王"，注重实效的气魄，是"纸上得来终觉浅，绝知此事要躬行"，知行合一的阅历；所谓胸怀，是"宠辱不惊，物我两忘"，淡定的从容，是"知之为知之，不知为不知"，坦诚的智慧。

有了宽广的胸怀，就能面对困难与挫折，迎难而上；有了宽广的胸怀，就能面对虚名与浮利，淡泊名利；有了宽广的胸怀，就能面对误解与诽谤，泰山崩于前而面不改色；有了宽广的胸怀，就能面对不幸与不平，一笑而过，泰然处之。

海纳百川，有容乃大。海洋的气势与伟大之所在，就是它的宽容和大度。无论是虾兵蟹将还是河流汇集，它能容一切可容之物。宇宙吸引人们目光之处不也是它的宽容大度吗？无数星河，不见边际，人思维不能及，宇宙的奥妙就在其浩瀚，就在其包容和吸纳。

宽容大度也是相互作用的，容得下人的人才会得到大家的认可，正如沙漠能容得下黄沙曼舞，森林容得下鸟兽欢腾，河流容得下鱼儿嬉戏，沙漠、森林和河流也得到了黄沙、鸟兽和鱼儿全身心的托付和信赖。容得下人，你拥有的一定比想象的多，排斥他人，百年孤独不是空话。

金无足赤，人无完人，人人都可能犯错误，但是瑕不掩瑜，不妨放宽胸怀，严于律己，宽以待人，把别人的缺点和错误缩小一点儿，把别人的优点和成绩放大一点儿。容得下逆耳，才可能得到忠言；容得下不顺眼的事，才可能发现自己之外的世界；容得下兴趣不合的人，才可能博采众长。宽容是一种致命的吸引力，因为它会让你像会发光的太阳一般给人温暖，如春风拂面。得到他人感恩之心的同时，赠人玫瑰，手有余香，你还会得到快乐与欣慰。

世界上最困难的事情是宽容，世界上最让人开心的也是宽容，因为心情受到困扰，最痛苦的是自己。大度能容，释放怨恨，解脱自己，就是放弃了自我折腾，就能得到大自在。有些人不是不明白自己错而固执，不是不明白得过且过的道理，只是思维的怪兽一时走进了死胡同，钻进了牛角尖，自己落进了自设的陷阱。世界上本没有什么过不去的坎儿，也没什么离不了的人，四季交替、岁月轮回，无论发生什么事情，夜幕会缓缓降临，太阳会悄悄升起，地球还是围着太阳转。一个人的力量太渺小，不要妄图改变人力不及的事情，风雨雷电听之任之。做人不妨大度一些，容人一些，看得开，就能望得远，望得远才能有大进益。

宽容大度是一种气质，但是纵容和姑息迁就就失去了原则和立场。对于非原则性错误，特别是客观因素造成了失误，我们不妨多一些包容，多一些善意的批评和关心爱护；对于违背了原则的错误，我们则需要坚定立场，从容拒绝，勿以恶小而为之。

"戴维效应"是心理学中的一条规律。戴维指的是一位著名的化学家，我们对他自身的成就可能不那么熟悉，但他是英国皇家学会的会长，人们最津津乐道的是他在法拉第还当订书匠的时候就发现了其在化学上的潜能，并精心培育法拉第成长成才，法拉第名声大振后，这一段历史也被传为佳话。然而，历史总是喜欢跟人开玩笑，此后的戴维时时处处不忘贬低法拉第，还极力反对法拉第成为皇家学会的会员，他是唯一投了反对票的人。千里马常有而伯乐不常有，在现代社会已经有了改善，但是转而产生了类似于戴维和法拉第的故事，伯乐能够识别和培养千里马，但是当千里马被人们发现并重视之后，伯乐转而限制和妨碍其发展，人们把这种效应叫做"戴维效应"。戴维作为一位科学家是称职的，他的科学知识和素养我们无须怀疑，但是他的胸怀不够宽容大度，无法兼容并蓄，我们不得不遗憾地感叹，他是一个小肚鸡肠的人。

英国哲学家培根认为人类的各种情欲中爱情和忌妒是最能蛊惑人的心智的。忌妒在当今社会普遍地存在着，但是也被人们普遍地忽略着，这种心理状态是不健康的。领导者怀有忌妒的心态会让他有失领导水准，朋友间怀有忌妒的心态会从背后捅刀子，家人间怀有忌妒的心态会影响家庭氛围和团结和睦的关系。因此，我们要时时刻刻给自己提个醒，避免忌妒及其带来的一系列危害。忌妒本是深藏于心的情绪，但是它所引起的心理紧张和攻击性欲望可能会让人失去理智，出现偏激失控的行为，到那时，可能违反道德和法律也会在所不惜。这种不健康的心理状态，损人不利己，我们要常常用理性的目光和逻辑的思维认真审视自己的心态。为人处世，不妨用达观平和的态度。从容、坦然、豁达，是我们从大多数成功人士身上发现的优点，或许正是这些心理因素让他们能够真正成为情感的主人，把自己从无谓的自卑、自责、自狂、自我崇拜中解放出来，以健康的正常的心态为人处世。

法国著名作家雨果觉得天空比海洋更宽阔，人的胸怀却应该比天空更宽阔。作为一个领导者，就更应该严于律己，宽以待人，虚怀若谷，坦荡大度才能让人才真正发挥作用。

自古成大事者都有宽广博大的胸怀。因为只有志存高远，光明磊落、无私无畏的人才会拥有宽广的胸怀，才不会为了一己私利或者是眼前小利一较高下，说短论长。真正的智者才能做到宠辱不惊，得意时压得住骄傲，失意时鼓得起从头再来的勇气。因此，我们常常强调提高思想觉悟，加强道德修养都不是空话，是你需要实实在在地从知识、人格、品德等众多方面认真学习，不懈地接受真善美的陶冶、磨砺和滋润。

"林子大了，什么鸟都有"，所以，我们不能指望别人都是心胸开阔的人，而是努力学习与各种人相处，去理解人，去宽恕人，去适应环境，尽己所能改造环境。"三人行，必有我师"，看人之长，他山之石，可以攻玉；视人之短，躬身自省，有则改之，无则加勉。

胸怀是一个人综合素质的重要组成部分。胸怀是一个人魅力的源泉，也是最难达到的境界。关键时刻你能不能挺身而出，是最能体现胸怀、境界的时刻。一个斤斤计较、目光短浅的人是不可能大度到无私奉献的，也是不可能有大成就的。

胸怀是人的一种涵养，是一种处世的经验和艺术；胸怀能包容你的喜怒哀乐，让你的人生跃上新台阶。洒脱生活，解放自己胶着的心，你才能够收获轻松自在的心情，才能得到充满欢乐与友爱的生活。

避短——经营自己的长处是成功的捷径

人生在世，短短几十年，时间有限，精力更加有限。现代社会，信息呈爆炸式增长，人们已经不再期盼出现十全十美、样样精通的全才了。三百六十行，行行出状元，每个领域都有领军人物和成功人士，他们在这个方面做得好，换个领域可能一败涂地。他们并不是神话，而是懂得了成功的捷径，那就是发挥自己的优势，把自己的优势或者说擅长的方面与自己追求的事业相结合。朋友们不妨审视自己和身边的人，是不是都或多或少关注成功人士的传记，希望从中发现成功的秘诀？殊不知，正是这种思路，让你永远只能盲目地跟随在别人的身后，踏着别人的脚印是很难找到成功的道路的。因为，追随别人的脚步，意味着十之八九你要放弃自己的特长和优势，又怎么会轻易成功呢？怎样做，做到什么程度是做大事的重要步骤，但是在此之前，我们需要有自知之明，知道自己能干什么，不能干什么，从形形色色的选择中选一个自己的强项，让自己有兴趣、有能力去做事，不仅能够事半功倍，而且自己也会觉得游刃有余。

"条条大路通罗马"，通往成功的道路不止一条。但是，我们不能让"乱花渐欲迷人眼"，要知道未必所有的道路都适合自己。因此，要理性地选择适合自己的道路，才能避免东施效颦、邯郸学步的闹剧。

美国19世纪著名的职业作家和演说家马克·吐温，文采斐然，举世公认。你可能想不到他最初的理想并不是作家，他曾经一心想成为一名成功的商人。为了实现这个错误的理想，马克·吐温早年走了不少弯路，吃了不少苦头，也栽了不少跟头。

他投资开发打字机，钱没挣着，还赔掉了五万美元的财产。看到出版商发行自己的作品大发横财，觉得这也是一个机会，不想再为别人赚钱，于是投资开办出版公司。可惜，天生没有经商头脑的他又一次失算了，出版业虽然也是文化产业的一部分，但是出版公司却扎扎实实是商业经营，没有经营才能的马克、吐温又一次为自己幼稚的想法买单，甚至因此陷入了债务危机。

好在马克·吐温经过接连两次打击，终于发现并承认自己在商业经营方面毫无天赋和才能，斩断了经商的思路，开始他的全国巡回演说。不同于以往商场上的狼狈，马克·吐温用他才思敏捷、风趣幽默的口才赢回了失去的财产，还清了所有的债务，并因此改善了自己的生活。

每一个人都有能力不及的地方，也都有自己擅长的方面，放下无法超越别人的弱项，精心经营别人无法超越的强项，扬长避短，能够让我们发挥所长，给自己的发展带来广阔的空间，从而实现个人价值和社会价值。毕竟，从事自己不擅长的工作，那种无法得到预期收获，还让自己深陷入失败的深渊的感觉我们都曾经尝试过，那是怎样一种令人绝望的情绪呀！

成功心理学认为，想要判断一个人是否能够成功，与其看他取得了什么成就，不如看看他能否经营自己的长项，能否巧妙地最大限度发挥自己的优势。有关的科学研究发现，人类竟然有各种不同的优势四百多种，这些数字说明不了什么。但是一个人是否有自知之名，能够认识自己的弱项和强项对于个人的成功确有非常重要的意义。

那些充满了自卑心理的人看着一无是处的自己，觉得自己做不到任何事，全身上下没有任何值得骄傲的，他们当然不敢对成功抱有任何希望。可是，生性木讷的俞敏洪创办了新东方，其貌不扬的马云开创了阿里巴巴成就了中国电商的传奇。可见，这种想法是极其错误的，很多成功者也曾经不被别人看好，但是他们能够正确地看待自己，发掘自己的长处，避免自己的短板，悉心经营，也获得了想要的成功。

著名作曲家德塞纳维尔在成名之前被人们看作一无是处的庸才。但他始终相信自己身上有与众不同的闪光点。偶然的一次，一阵乐曲在他的脑海突然响起，德塞纳维尔把它大致哼唱出来，用录音机录制下来。然后，他找人利用这段曲子制作乐谱，将它以大女儿的名字命名为《阿德丽娜叙事曲》。

然后，他又去罗曼维尔市的游艺场找了一个钢琴演奏员来弹琴并录音。这个钢琴演奏员默默无名，穷酸得不行。德塞纳维尔好心地给他取了艺名，这个钢琴演奏员就是后来的理查德·克莱德曼……

谁也没有想到，这段乐曲后来制成唱片在全球卖了 2600 万张，轰动了整个音乐界。德塞纳维尔也因此挣了不少钱，也成了音乐界的名人。记者采访他成功的秘诀，他坦然以对："任何乐器我都不会玩，不认识乐谱，更不懂得和声。我只喜欢哼唱一些大众喜欢听的乐曲。"

德塞纳维尔知道自己的长处，就一直作曲，从不写歌。他在20年的时间里先后写了几百首曲子，大多数广为传唱。这些曲子让德塞纳维尔成了社会名流和大富翁。

每个人的长项和短项都是同时存在的。人的目光所及范围是有限的，集中在自己的不足上，自然就看不到自己的长处了。"我是一个一无是处的人"，恐怕是很多人庸庸碌碌并因此堕落的原因，因为自卑让他们失去了追求的勇气。

西德尼·史密斯告诫人们"永远不要丢开自己天赋的优势和才能"，并且认为，无论你擅长什么，只要顺其自然就可以了。经营自己的强项，是成功的"捷径"，关键在于你能不能发现这一奥妙。懂得了这个道理，你就不会沿着别人的脚步和车辙前进，更不会妄自菲薄，认为自己没有用处。从现在开始正视自己，发现自己的优势，找到能够发挥自己优势的工作。成功，你也可以！

第四章　心量狭小有什么影响
——没有大气量

> 成大器之人，心中怎可怀有忌妒之心。俗话说得好：宰相肚里能撑船。想要成功，我们就得有开阔的胸怀和面对挑战的坦然。然而，宽容待人，我们才会获得别人对我们同样的回报。我们要明白，心胸狭窄的人是不会有所作为的。

忌妒——气量狭小而无法容人之好

有人说："人生最可怜的是忌妒。忌妒别人，不会给自己带来任何好处，也不可能减少别人的成就。"

就从心理感受来说，前期依次表现为由攀比到失望的压力感；中期则表现为由羞愧到屈辱的心理挫折感；后期则表现由不服不满到怨恨憎恨的发泄行为。

因为忌妒容忍不下别人的好，想方设法地去破坏别人的美好，这样的人是可恨的；他们内心卑微、不阳光，他们体会不到人生的美妙，永远都禁锢在自己的黑色世界里，他们亦是可怜的；因为忌妒已经滋生在他们的心灵上，这会使他们变得心胸狭窄，就像肿瘤一样，到最后扩散到实体的每个角落，由此可见，他们更是可悲的。心怀忌妒的人，到最后终究会受到惩罚的。

很久以前，有个人忌妒心极强，他无法忍受任何人比他强，甚至是他的邻居，他只有去找寻智者的帮忙。智者对他说："现在，我可以满足你的任何愿望，但是你的邻居会得到你的双份。"那人听了十分欣喜，可是转念一想："我得到一份田，邻居就会得到两份；我得到一个金箱子，邻居又会得到两个金箱子；我得到一个绝色美女，他就会得到两个！我万万不能让这样的事情发生！"那人在一番挣扎后，为了不让他的邻居占到便宜，他始终没能打定主意要什么愿望。最后，他咬紧牙关对智者说："请您砍掉我的一只胳膊吧！"

这个故事告诉我们一个道理：如果你的心里全被忌妒占满了，那么就算是再美好的东西也都会变得破烂不堪。如果一味地用忌妒的眼光去看待整个世界的话，那么你的世界终将是黑暗，你不单单会害了你自己还会害了别人。

春秋战国时期，郑庄公与齐、鲁两国定下约定，一起攻破许国。在出征前，郑庄公举行了告天之礼，还命人打造了一杆大旗，放在铁车上，并下令：谁能拔起大旗，就赐封他为前锋，赏赐战车一辆。大夫瑕叔盈第一个拔起了大旗，随后颍考叔也拔了大旗并舞动着，周围的人无不惊叹称奇。

于是，郑庄公打算把战车赐给颍考叔。可是，公孙子说自己同样可以舞动大旗，非要和颍考叔比试。两个人互不退让，以至于刀刃相见。多亏郑庄公及时从中做了调节，同时赐予两人战车，此事才算完结。

不久之后，郑庄公与齐、鲁两国发兵攻打许城，然后攻打了两天仍没攻打下来。到第三天的时候，颍考叔不顾自身安危，奋勇举起大旗，首当其冲跳上了城墙。然而公孙子忌妒心极强，怕颍考叔的功劳会超过自己，于是悄悄地用箭射死了颍考叔。瑕叔盈见颍考叔倒下了，急忙上前举起大旗登上了城楼。郑军看见城墙上高举的大旗，气势大振，很快攻下了许城。

郑庄公班师回国后，重重奖赏了瑕叔盈，却对颍考叔感到十分的惋惜和怀念。他对那个暗中加害颍考叔的人深恶痛绝，却不知道究竟是谁干的。郑庄公让随行的将领杀猪宰羊，还请巫师诅咒那个害死颍考叔之人。公孙子害怕受到诅咒，狼狈不堪地跪倒在郑庄公面前，哭诉着坦白了整个过程，说完后便自杀了。

忌妒其实是一种心理疾病，是一种病态心理。心怀忌妒的人，他的一生都会活在痛苦当中，他害怕别人会超越他，担心别人过得比他好，整天都活在自己的恐惧、可怜的内心世界。

纵观历史，凡是成功之人，都是心胸开阔，毫无忌妒之心的。俗话说："善事易为，恶事难成。"当别人比我们强的时候，我们要做的是自我检讨和向他学习，而不是忌妒他。不然的话，我们一辈子都只会活在黑暗的缝隙中。

唐宋八大家之一的欧阳修，是北宋文坛的领袖。想当年，欧阳修由于赏识后生苏东坡，所以打算提拔他。有人劝阻他说："苏东坡才华横溢，你如果重点培养了他，日后他名声大噪之时，恐怕天下就不会再有欧阳修了。"但欧阳修对此并不在意，只是一笑了之，依然提拔了苏东坡。当苏东坡名声大噪之时，并没有忘记欧阳修对他的知遇之恩。待欧阳修逝世后，苏东坡更是为他撰写悼文，永垂千古。后人也因此对欧阳修更加崇敬。

我们应该把别人身上的优点拷贝到自己的身上，来完善自己，而不是视他们为忌妒的对象，不然的话我们只能生活在黑暗当中，让自己毫无快乐而言，终身不幸。

忌妒就如同心中的蛊毒一样，他会以你的智慧和善心为养料，慢慢地长大。如果我们心中只有忌妒的存在，我们终将会被自己的缺点所吞噬。要想成为真正的勇士，我们就不能让它存活在我们的内心。

短浅——心量狭小者不能忍辱负重

人生没有一帆风顺的时候，如果迎面与之搏击，有可能船毁人亡，难有东山再起之日。此时，如果能变通一下，随着风浪变化，总会等到机遇的。

历史上大多叱咤风云的人物，都是不拘小节、能屈能伸之人。比如，张公艺九世同居，只以忍为题目；张良忍辱下桥取履，终为帝王之师；韩信忍胯下之辱，统率百万大军，终于拜将封王；刘备隐忍苟活、寄人篱下，终成帝王大业。

"忍辱负重"乃是大家耳熟能详的成语，不忍辱又怎能负重？是的，大气的人不会计较一时的得与失，更不会为了贪图一时的荣华富贵而动容，对于他们来说以后的胜利和荣耀才是最关键的。因此，他们才会做常人所不能做，忍常人所不能忍。

在历史长河的众多英雄当中，要属周文王姬昌最能忍辱负重，也是成功的典范。

商朝末年，商纣王天天沉迷女色，酒池肉林，对外残忍暴虐、荼毒四海，使得民不聊生，国势日渐衰微。此时的周族首领姬昌带着他的族人生活在陕西渭水流域，姬昌以德为本、礼贤下士、发展生产，深得人民的拥戴，然而却因为不忠的罪名囚于羑里城 (今河南安阳)，而且一关就是七年。

姬昌被囚禁时已八十多岁，到处都是纣王布下的眼线，他已然知道自己深陷险境，所以从不多言多语，分配的工作只是低头默默地做。有人和他说话的时候，他每次都会先叩谢纣王对他的不杀之恩，然而，纣王对他折磨的手段层出不穷，甚至杀害他的长子伯邑考，做成肉羹让其食用，来检验其算卦的准确性。

姬昌看到肉汤，知道这是爱子的血肉，更明白这是纣王在试探他。要是不食，纣王就会怀疑，加害自己，于是，他装作若无其事的样子把肉汤喝下了。下人回去把事情一五一十地向纣王汇报，纣王得意地说："姬昌也只是如此，根本没有算卦的能力。"从此以后，便对姬昌放松了警惕。

就这样，姬昌并没有因为在牢狱中而放弃他的梦想，他继续潜心研究，终于完成了六经之首，即对后世有着极其深远影响的《周易》。除此之外，他也完成了举兵伐商的伟大构想。回到自己的领土后，他招兵买马暗中培养自己的势力，带着儿子姬发（即周武王）对纣王展开了对抗，最终大获全胜，建立了自己的王朝——大周朝。

我们只能说，姬昌做到了忍常人之不能，胸怀大略。所以说古时候被人称作豪杰的志士，一定具有超人的节操。

人们在生活中，有时会碰上无法忍受的事情。一个人受到侮辱，拔剑而起，挺身上前搏斗，这并不算是勇敢。天下有一种真正勇敢的人，遇到突发的情形毫不惊慌，无缘无故侵犯他也不动怒。为什么能够这样呢？因为他胸怀大志，目标高远啊。

我们想象一下，假如说姬昌不能屈尊忍受纣王的百般折磨，而是一气之下反抗纣王，怎么可能有回归故里，举旗起义的机会呢，纵使自己满腹经纶，也只能一事无成。古人云："小不忍则乱大谋。"所以说，忍耐也是一门学问。

我们也都明白，肯舍弃万尊之躯，忍常人之不能，不是件简单的事，这需要大见识、大度量、大胸襟、大气魄。缺乏气度，鼠目寸光的人，都是我们应该引以为戒的对象。

甲乙两位大学生，毕业后都被同一家500强公司所录取。因为两个人都没有实践经验，所以都被安排到车间搞统计，所学的知识根本派不上用处，每天只和报表打交道。乙抱怨工作太累、工资太低，干了一段时间就跳槽去别的单位了。甲却留了下来，依旧本本分分地工作。

十年后的一天，甲在人才招聘市场意外地巧遇了乙，这个时候的甲已是副总经理了，年薪翻倍，而乙依旧还是在寻找工作，十年内没有任何成就。

乙不解地问甲："我们在同一个起点出发，为什么成就如此不同？"

"道理很简单，"甲轻轻一笑，回答道，"如今人才济济，用人单位肯定会先考验你的素质以及工作能力，能屈能伸才能有以后的发展。"

听了甲的话，乙深深地埋下了头，久久无语。

由此可见，"屈"不等于懦弱，不意味着屈服，不是任人摆布，它只是暂时的，是为了给以后的工作打下基础，等待适宜的时机，一触即发。就像袋鼠一样，屈腿只是为了储存能力，找个支点然后跃身而起，达到最高的目标。

无论是选择"屈"还是"伸"，都需要大无畏的精神，面对"屈"的时候，我们首先要面对的是黑暗，我们要放低我们自尊心，从头开始，这个时候是我们最容易放弃的时候，所以说，面对"屈"，我们需要更大的勇气和信心。

"屈"是一种眼光和度量，是深刻而有力量的，是雄才伟略的表现。要是有人可以达到能屈能伸的境界，那他就可以把世界上所有的负面力量转化成正面力量。这样的人，怎么可能不成功呢？

能屈能伸是一个人的胸襟问题，需要的是非凡的睿智和勇气。更不会为了贪图一时的荣华富贵而动容，对于他们来说以后的胜利和荣耀才是最关键的。

抱怨——心量狭小者消极处世

有个年轻人他的理想和愿望总是得不到别人的谅解，在学习和工作上也遇到了很多问题。在这种压抑的环境下，他逐渐变得愤世嫉俗，觉得世界对他不公，所有人都在排斥他。

他想发泄，可是他又害怕受到更多的伤害和不理解，他压制着自己不把这种愤怒发泄出来，导致他现在寝食难安，心怀着强烈的发泄欲望。

一天他爬上了一座风景秀丽的大山，可是他此时无心欣赏优美的景色，而是想到了这几年来的遭遇，他再也控制不住自己内心的愤怒，对着山谷大喊道："我恨你们！我恨你们！我恨你们！"没过多久他就听到传来的回声："我恨你们！我恨你们！我恨你们！"他越大声地抱怨，山谷给他的回应就越剧烈，导致他越愤怒。

在他再次叫骂后，此时身后传来不一样的声音，他回头一看，看见寺庙的方丈正在冲他喊道："我爱你们！我爱你们！我爱你们！"

只见方丈面带微笑地朝他走来，他见方丈面善目慈，便一股脑说出了自己所遭遇的一切。听完他的讲述，方丈笑着说："滚滚红尘，多少人追名逐利、醉生梦死。到头来韶华白首，又得到了什么？在早上听见钟声，贴近自然，就会有种释然的感觉。我送你四句话。其一，世上没有失败，只是暂时没成功；其二，从自身改变，才可以改变世界；其三，有了行动，才会有改变；其四，有了决心才可改变命运。你可以先试着改变自己的处事方法、处世态度，心怀善意地去看待世界，你会看到意想不到的风景。"

他半信半疑，表情很复杂。方丈看透了他的心思，接着说："假如世界是一个山谷，爱是刚刚山谷的回音，就如刚才一样，你用什么样的心态去对待它，它就会用什么样的心态回应你。

"爱好远行的人必然眷恋故乡，爱给予的人必然能得到别人更多的回报。你给别人的爱越多，得到别人的爱也越多。爱的幸福感远远大于恨带来的暂时性的满足感。"

听了方丈的话，他愉快地下山了。

回去后他用积极向上、友善的心态去面对身边一切的人和事，因此，他和同事的误会解除了，工作上也比以前有进展了，现在的他比以前快乐了好多。

我们要心怀善意，世界就像一个山谷，让我们用爱的声音来弹奏世界最美妙的乐谱吧。我相信，这乐谱一定会给我们带来意想不到的收获。

苛刻——心量狭小者不能容人

"金无足赤，人无完人"。这世界上没有一件事是完美的。追求完美固然是好事，但是过分追求完美就会让原本的想法变得畸形，让想亲近你的人对你敬而远之。

《礼记》有云："水至清则无鱼，人至察则无徒。"意思是说水过于清澈，鱼难以生存，人太精明而过分苛察，就不能容人，就没有伙伴没有朋友。

有这样一则看似可笑却发人深省的故事。

在古印度，有一个男人娶了一个长相清秀性格温和的妻子，两人恩爱无比，成了人人称羡的一对神仙眷侣。可是妻子身上美中不足的就是长了一个酒糟鼻子，犹如一件精美的艺术品上有个很大的漏洞。

丈夫对于妻子的鼻子很不满意，终日耿耿于怀。在一次外出的时候，男人经过了一个贩卖奴隶的市场，广场的中央站着一个身单力薄的女子，她正怯懦地看着周围能改变他一生的人。男人一下子就被女子吸引住了，因为她长了一个端庄的鼻子。男子不惜一切代价把她买了下来。

丈夫迫不及待地带着长有美丽鼻子的女子回到了家中，他想把这个惊喜第一时间告诉自己心爱的妻子。回到家，他安顿好了女子，就把女子的鼻子割了下来，然后大喊道："太太！快出来！看我给你买回来的最宝贵的礼物！"

"什么宝贵的礼物值得你这样大喊大叫？"妻子狐疑不定地答应着走出来。

"快来，我给你买了一个美丽的鼻子，你快试试。"

丈夫说完，突然趁妻子不备，抽出怀中锋锐的利刃，将妻子的鼻子砍掉了。酒糟鼻落在了地上，伤口处血流成河，丈夫忙把端正美丽的鼻子贴在伤口处，但是无论如何，鼻子始终无法安在鼻梁上。可怜的妻子，没有得到丈夫辛苦得来的鼻子，还失去了自己本身的鼻子，同时还遭受了无妄的刀刃伤痛。

这则小故事告诉我们，每个完美主义者一开始都做着不切实际的梦。世界上不存在完美，我们不可以打破这个规律，更不可能违背它，而不完美是现实生活中不可缺少的因素，我们不能扭曲它存在的意义。换句话说，实事求是才是最正确的做法。一个有修养的君子，身上必须要有容忍庸俗的气度与宽容他人的雅量，否则的话，就可能出现与生命体系背道而驰的情况。所以，我们要时刻谨记，千万不要对别人求全责备。

在我们的生活中，能分清黑白虚实固然是好事。但是我们要时刻提醒自己，世界上没有十全十美的人或物。如果过分地要求完美，以过分苛刻的条件去要求别人，没有人会受得了，这样的话，谁又愿意和你在一起呢？对别人太过于苛刻，是不明智的，而精明的人是不会把别人逼进绝境的。不然的话，你只会被世人抛弃。

大千世界，无奇不有，不可能人人喜欢你，你也不可能谁都喜欢。有时候糊涂一点儿，未尝不是一件好事。

猜疑——猜疑可能会毁了你自己

社会性是人最重要的属性之一，鲁滨逊式的生活和中国传说中的桃花源并不存在，每个人都需要通过各种形式与别人交往。于是，因为人与人的相处而产生的矛盾也就不可避免。这一现象的出现很多时候是因为人们不能与他人坦诚以待，一句话、一个眉头、一声咳嗽，甚至一个眼神，有些人都可以读出数不清的"含义"。更不用说出现意外或紧急情况时，他们只会首先思考"谁要为此负责任"的问题，而不会想到该怎样解决问题。"防人之心不可无"，"画人画皮难画骨"是这些人认为的"处事原则"。但是，这种处事方式却让他们面对他人时无法淡定从容，反而心神不宁，让人觉得心怀鬼胎。

这种人患了一种很严重的疾病，疾病的名字叫做"疑心病"。其实，疑心病往往源自于对自身错误估量评价，通常是过低，导致的自卑，因为自卑而去猜疑。这种人，因为担心别人会故意伤害和欺骗他，所以内心严重缺乏安全感，容易产生恐惧。这样一来，不仅他们自己面对别人，与他人合作或者相处弄得自己很累，身心俱疲，也会让其他人小心翼翼地避免让其误会的言行举止，导致与之相处的人也很疲劳倦怠。因此，他们往往不容易被人接纳。

疑心病不仅会影响自己的人际交往，严重的时候还要影响爱情、亲情。

据说当年有一对双胞胎兄弟合伙开了一家当铺。兄弟俩共同经营当铺，做得有声有色。一天，哥哥把一些钱搁在柜台上的抽屉里，没来得及交代就出去了。可是，他回来后居然发现自己放的钱不翼而飞了。因为当时当铺里只有兄弟两人，自己找不见，他就认为是弟弟拿走了抽屉里的钱。哥哥就去问弟弟："我放在抽屉里的钱不见了，是你拿走了吗？"弟弟断然否认。哥哥却不相信，还是怀疑弟弟私自拿走了这些钱，他非常生气，还说钱不会自己飞走，肯定是弟弟藏起来了。弟弟见哥哥对自己毫无信任，觉得自尊心受到了伤害，一时激愤就跟哥哥激烈地吵了一架。曾经亲密无间的手足之情在一件这样的小事中出现了裂痕。

后来，一切就是大家熟悉的模式了：兄弟俩谁也不搭理谁，看见对方就像见了仇人，都认为是对方做了对不起自己的事。以至于他们很荒唐地在当铺中间砌了一堵墙，当着众人的面说要老死不相往来。

只是这个故事后来出现了点儿意外，二十多年后，一位衣着光鲜的客人走进店门，刚好看到故事里的哥哥，就问他在这家当铺干了多长时间。哥哥自然告诉他从有这间当铺的时候他就在这里了。

这位客人遗憾地说，自己是来这里赎罪的。原来，20年前的他曾经不务正业，是一名彻彻底底的流浪汉。那一天，他饿得两眼昏花，跌跌撞撞来到店里，恰好发现柜台上抽屉里放着一些钱，为了吃饱饭，他就把那些钱拿走了。如今，这位客人已经事业有成，每当想到那件事就会觉得很痛苦，所以今天来到这里希望求得主人的原谅。

这位客人说完自己的故事却惊讶地发现，店主人不知道为什么神情非常哀伤，并有如释重负的感觉，更让他吃惊的是，店主人请求他到隔壁的店里把刚才的故事再说一遍。虽然客人并不理解这个要求，但是想到自己本就是来忏悔的，就到隔壁又把自己的故事讲了一遍，这次，他发现，原来两家店的主人面貌非常相似。当然了，这对双胞胎兄弟尽释前嫌，对自己曾经的怀疑和不解感到非常后悔，他们相拥而泣。

相信故事中不翼而飞的钱数目非常小，但是却葬送了兄弟两人的感情。其实，这就是疑心病的症状。如果当年他们都给予对方多一些信任的话，兄弟反目成仇的人间悲剧也就不会上演了。

疑心病是长在人际交往中的毒瘤，如果不及时治疗，它将影响我们的正常生活。那么，疑心病该如何诊治呢？不妨试试以下几个建议。

第一，你要知道"患得患失"的顾虑并无必要。这种顾虑只会让你心胸狭隘，经常计算自己的得失，就会不自觉地被自私和贪婪控制，直到想要从他人手里获得多一点更多一点的好处，自己却一点儿也不能吃亏。

第二，一定要树立正确的价值观和世界观。辩证唯物主义哲学认为主观能动性的发挥严重影响我们对客观世界的改造，因此，正确的世界观和价值观既能够让我们面对他人保有适当的警惕心，也不至于把别人想得太坏，起码不会成为"生活在阴沟里的臭虫"。相信世上还是好人多，看开一点儿，疑心病就会不药而愈。

第三，心胸要开阔。"小人常戚戚"，如果我们心胸开阔，就会淡化往事或者回忆的痛苦。学会节制和驾驭痛苦是我们这代人迫切需要补课的内容，痛苦可能会冲昏你的头脑，如果一味沉浸在过去的痛苦中，"一朝被蛇咬，十年怕井绳"，最后只会成为杯弓蛇影，疑神疑鬼。

第四，摒除对人对事的偏见。《傲慢与偏见》这部名著相信很多人都看过，达西和伊莉莎白因傲慢而交恶，因偏见而远离，又因为摒除偏见而喜获良缘。可见，如果对原本很正常的事情怀有偏见，你就会失去理性，更不用说合乎逻辑地判断和推理了，主观臆断会占据你所有的思维，"莫须有"的罪名也可能因此成真。

另外，不妨多参加一些社交活动。更多地与人相处，不仅会给自己带来丰富的交际伙伴，还能让你开阔视野和心胸。有了这两者，你就可以站在更高的位置看事情，相信会有不一样的认识，想法变了，对别人的怀疑和戒备也就烟消云散了。

傲慢——心量狭小者不懂得谦和

在美国种族歧视还很严重的年代，一位漂亮的白人女士与一位黑色皮肤的男士被安排在一架班机的经济舱相邻的两个座位。黑人始终都在友好地微笑，但是白人女士每每怒目相视，最后，她怒气冲冲地唤来空姐，大声嚷嚷要求给自己调换座位，不愿意"坐在令人倒霉的家伙旁边"。

空姐看向那位黑人，得到了尴尬的微笑作为回应。空姐请这位白人女士稍等，然后走开了。不久她回来告诉白人女士，她很抱歉这架飞机上的经济舱已经满了，鉴于她的要求，虽然他们航空公司从来没有将乘客提升到头等舱的先例，但是为了她，自己已经争取到机长的特别许可了。

白人女士听了这番话当然很高兴，她急忙收拾自己的东西，正在此时，空姐转向黑人男士说，机长认为要求任何一名乘客跟让人讨厌的人同坐都是一种折磨，如果他不介意的话，可以移驾到头等舱的位子，是航空公司对他的补偿。

白人女士听了这话目瞪口呆，机舱里却响起了热烈的掌声。

每个独立存在的人都是一个完整的个体，即使存在高矮胖瘦、成功与否、成绩好坏等区别，起码我们的人格都是平等的。日常生活中，如果仗势欺人，或者抬着脑袋看人，让别人看着你要派头、抖威风，盛气凌人，一时痛快了，却一定会招致别人的反感，最终只能是自取其辱，难以下台。故事中的白人女士有白人天生的优越感，但是她把自己的这种想法公然表现出来，看起来更像是盛气凌人的小丑，引来了众怒，值得我们引以为戒。

理性地审视自己和他人，每个人都有自己的闪光点，地位、权势、财富并不能成为你仗势欺人的借口，所有人的人格是平等的，没有谁比谁高贵多少，身外之物，生带不来，死带不去，他们都不是你盛气凌人的资本。

"君子不重则不威"，是孔子的名言。庄重威严而非自命贵重，八面威风。看看社会上的精英们，越是成功的人，成就越大的人，他们往往为人处世更加谦和，随时保有一颗平常心，既不标榜自己，也不四处张扬，认为身边的每一个人都值得尊重，这就是成功者必备的品质。

下面的故事发生在美国纽约的曼哈顿。

巨象集团是美国的一家著名企业，它的总部大厦位于纽约的曼哈顿，在大厦的楼下有一个美丽的花园。这一天花园的长椅上坐着一位中年妇女和她的儿子，这名妇女非常生气，离他们不远的地方有一位六七十岁头发花白的老人用大剪刀在花园中修剪树枝。

这位妇女看见老人后，突然停止了生气的说教，她从随身挎包里拿了一张纸巾，把它揉成一团，用力甩出去，纸团恰好落在老人刚剪过的树枝上。满眼郁郁葱葱中白花花的一团，十分醒目。老人没有多说什么，只是沉默地走过去，捡起那团纸扔进了旁边的垃圾筒，接着干自己的事情。

中年妇女这时又从挎包里拿了一团纸朝着老人的方向扔过去，儿子很奇怪，问妈妈要干什么。中年妇女抿着嘴朝儿子摆了摆手，让他安静地看自己行事。老人再次捡起了纸团扔到垃圾筒里。中年妇女并没有因此而感到羞愧，反而一而再再而三地扔出一团又一团纸巾，出乎意料的是老人好像没有感到丝毫厌烦，始终坚持捡起纸团扔进垃圾桶。

那名妇女终于不再扔纸团，转而教育儿子："看吧，如果你还是不明白学习的重要性，不从现在开始努力学习，将来你就会像眼前这个老人一样没出息，只能做最底层不受人重视的工作。原来，母子俩是因为孩子的学习问题在争吵，看起来像是花匠的老人就这样成了"反面典型"。

老人听到了妇人的话，他平静地放下剪刀，走到妇人面前，告诉她这是巨象集团的私家花园，并且规定了只有集团员工才能进入。

妇人听了反而很骄傲，拿出一张工作证给老人看，扬扬得意地说："我不仅是巨象集团的员工，还是集团所属公司的部门经理呢！"

老人想了想，就问中年妇女借手机一用。

这位女士把自己的手机递给老人，但是极不情愿，还借此机会开导儿子："你看看，这么大年纪了，还买不起手机，如果你还是认识不到学习的重要性，将来也会跟他一样的！"

老人很快打完了电话，把手机还给了中年女士。很快，巨象集团人力资源部经理就出现在小花园里，中年妇女满面堆笑地迎上去，却没有得到任何回应，只见经理径直走到老人面前问好，态度异常恭敬。

老人对经理说，他认为应当免去这位女士在巨象集团的职务。人力经理毫不犹豫，果断答道："总裁先生，请放心，我立刻去办这件事！"

这时候，中年妇女已经没有了反应，她颓然坐到椅子上，半晌才终于意识到自己刚刚数次羞辱的老人竟然是巨象集团的总裁詹姆先生。

詹姆先生用手抚摸着男孩的头，告诉他："孩子，其实，我认为一个人在这世界上要做的第一件事情就是学会尊重每一个人……如果你真正理解了这句话，并且学会尊重别人的时候，你可以带着妈妈再来找我。"

詹姆先生作为知名大企业的掌门人，学识渊博，从容淡定，即使遇到羞辱自己的人，也能心平气和地处理，神色安然，不会露出不满和厌烦，这就是朴素、伟大的人格魅力呀！

你可以成功，也可以平凡，你可以富有，也可以安于清贫，但是，你需要拥有恬静淡然的性格，需要用谦和的态度对人对事，宠辱不惊，只要能够从内心真正尊重身边的每一个人，就能维系人与人之间最基本的关系，做得好，就是我们常说的"大将之风"。

人生而平等，没有谁比谁高贵多少。身份、地位的差别无法成为你傲视众人的理由和借口。真正成功的人懂得尊重身边的每一个人，用自己谦和的态度吸引人，这就是朴素、伟大的人格魅力。

第五章　大气量的人如何行事
——能断且不乱

> 要做大气的人，首先要具备以下几个特质：第一，做事要果断、有远见；第二，凡事要有规划且需要全身心的投入；第三，万事俱备只欠东风，此时我们要做的是等待时机；第四，人生有很多不如意，有些忍让，会让你自己颇有收获；第五，也是最重要的，那就是坚韧、专注和踏实。只有做到这几点，我们的人生方可成功。

果断——看准时机，当机立断

人生就是一个大的分岔口，不同的人会有不同的选择，不管你做什么你都要在这些分岔口中找出你的选择。至于这条路到底对与否，只有你自己最清楚。

有位才华横溢的大学教授见到他周围的朋友都过上了富裕的生活，有了不错的收入，也想"下海"试一试。

有人说他可以去夜校讲课，这样不但可以提高自己的知名度，还可以有一笔固定的外块。一开始他对此事很有兴趣，跃跃欲试，等到真上课的时候，他又开始犹豫不决："酬劳太少一堂课才 20 元，晚上还有别的事，算了吧，还是看看别的吧。"

还有人说可以炒股，他又跃跃欲试，可是等到要开始的时候，他又犹豫起来："股市有风险，投资需谨慎，我还是再看看别的吧。"好多年过去了，每当开始新的一轮冒险的时候，还没开始他就退回去了，以至于到后来，看见别人的钱越赚越多的时候，他又开始后悔：也许，当初我也该试试……

西方谚语说："机会总是留给有准备的人。"有一部分人，看见有机会了就会跃跃欲试，但当机会真的来的时候，就会不断退缩，错过机会。

犹豫不决的人做每件事情的时候都会思考很长时间，由于这种过度的谨慎会使他们往往失去很多机会。

楚汉相争时，西楚霸王项羽布置了鸿门宴请刘邦入瓮，想就此除去刘邦，但不想关键时候因项羽犹豫不决让刘邦逃走了。日后兵戎相见时，刘邦毫无犹豫的意思，逼得项羽在乌江自刎。被大家赞誉"神勇千古无二"的项羽正可谓"当断不断，反受其乱"。

若想取得成功，我们必须当机立断，不得有半点儿犹豫。要有果断的精神去分析事实，未来做出正确的决定。人非圣贤，孰能无过。但是果断做事总比把时间花费在犹豫不决上好得多。

在我们认清事实的情况下，是完全可以当机立断地做事的。但是这并不意味着可以盲目行事，更不是像古代皇帝一样专政。看准时机，当机立断是大多成功人士身上必有的条件，他们利用这种条件再加上他们的不断努力奋斗，就会得到很大的成功，但同样，这些成功者身上的条件也不是天生就有的，他们都是在一次次失败中总结出来的。

美国的"钢铁大王"安德鲁·卡内基白手起家的商业典范已经家喻户晓了，他做事果断，眼光独到，他所做的事情一直被教育界视为典型事例。

1865年4月，美国南北战争结束了，联邦政府与议会首先批准了太平洋铁路公司，以它所建立的铁路为中心线路，批准另外两条贯穿大陆的线路。同时，各个部门还提出了另外的几个工程计划。

此时，卡内基才29岁，他凭着自己的能力已经当上宾夕法尼亚州西部的主管。也算是少年得志，可是，他早已预见铁路和钢铁时代的来临，毅然决然地辞职了。辞职后，他到伦敦考察了那里的钢铁研究所，义无反顾地买下了道茨兄弟发明的一项钢铁专利。

很多亲友都劝说卡内基不要那么莽撞，卡内基一开始也犹豫过，但是他觉得："机遇往往是给有准备的人的。如果现在不抓住机会，那么机会就会稍纵即逝。"最后卡内基根据调查出来的结果决定还是要投入，最后这项专利给他带来了约5000磅黄金的效益。

1872年，卡内基又前往英国考察，这期间，他也亲眼目睹了造钢造铁的新方法，预见了以后的发展，回到美国后，他毫不犹豫地拿了全部的家产和大量的外债做赌注，成立了卡内基钢铁公司。

很多人都替卡内基的投入而感到忧虑，但是卡内基从来没有担忧过："此时不做待到何时？再过几年，美国的钢铁业发展起来了，不就是我赚钱的机会到了吗。失去机会，钱也许就在别人的兜里了。"

到20世纪初，卡内基钢铁公司的员工已然超过两万人，成为了世界上最大的钢铁公司，产量也超过了英国，由此证明卡内基成功了。

动摇阶段一开始在初期是最容易出现的，很多人就是因为第一步没迈出去才失去了大好的机会，只要迈出了第一步以后就都不是问题了。卡内基满怀信心，凭着他果断的性格，他的事业也越做越大，终于成为了亿万富翁。

无独有偶，美国富翁爱林·福特身上同样也有卡内基的这种果断之风，谈到自己的创业经历的时候，他曾说："想成为富翁的人必须相信自己的命运要由自己来决断。只要心中有方向，你就得拿出勇气和魄力做出决定，之后就要有所行动，不能犹豫不决。"

当我们问拿破仑为什么能征服世界的时候，他回答说，他只是毫不迟疑地去做这件事。拿破仑在危机的时候总能毫不犹豫地去做自己认为对的决定，而放弃其他的所有可能，因为他不允许别的想法来干扰自己。这是非常有效的方法，充分体现了勇敢决断的力量。

机会只会给时刻做好准备的人，错过了，想从头再来是不可能的。你想成功吗，那么你需要学会大气，扔掉你的彷徨和犹豫，培养自己的果断能力和不徘徊的做事能力。我们要及时把握人生的每一步，慢慢走向成功。

果断是一种性格，也是一种气质，想要成功，我们必须放弃那些犹豫的特质，培养果断大气的条件，除掉遮挡我们的屏障，我们会看见闪着光亮的未来。

远见——看见未来的人才看得到成功

你听过这样一个故事吗？

有三个泥瓦工在工地上工作，有人问他们："嘿，你们在干嘛？"

第一个工人头不抬眼不睁，抱怨着说："砌砖呢。"

第二个抬了下头，有气无力地说："唉，赚钱呢。"

第三个双目炯炯有神、满怀期望地说："我在建造世界上最美的屋子。"

过了十年，再去看那三个人，前两个还是砌砖的工人，然而第三个人却已是大名鼎鼎的建筑师了。大家很好奇，这是为什么呢？因为，第一个人眼里心里只有砖头，第二个人眼里心里只有钱，现在的建筑师，他的心里装的是梦想。

这个故事让我们知道，人的一生你用什么样的眼光去看待它，用什么样的心态去对待它，它就会反馈给你什么样的世界，什么样的生活。

做大事的人不能只局限于自己眼前的事物，我们要开阔视野，再加上我们的胆识那就有事半功倍的效果，还有什么是我们做不出来的呢？有眼光的人就像是有了一副望远镜，可以看得比别人多比别人远，不管前方的路有多少迷雾，他们都可以拨开迷雾见天明，而不会迷失在自我的世界中。

拿破仑·波拿巴是法兰西第一帝国缔造者，是很多人心中的英雄，他说过一句很经典的话："不想当将军的士兵不是好士兵。"这句话一直回荡在他的耳边并激励他成功，也让我们领略了他的大将之风。

1769 年，拿破仑出生于地中海的小岛——科西嘉，他出生在一个意大利的贵族世家。但自从科西嘉岛被法兰西国王收购后，他的一家就被视为"科独"，日子一下子发生了天翻地覆的变化。年轻的拿破仑对父母说："这个地方已经不是我们的家了，而我也不是科西嘉的拿破仑了。

当拿破仑九岁的时候，他父亲安排他去法国布里埃纳学校学习，这是一所贵族学校。拿破仑在那里遇见的都是一些纨绔子弟，都是讥笑贫困学生的人："你以为你能在这上学。你就依然是贵族吗？"这深深刺痛了拿破仑的心。他一直认为科西嘉能回到以前。他把每一次的嘲笑都当成动力，他暗暗发誓："我一定会当上军官，给你们这帮蠢货们看看！"

其他同学都把时间用在了追女孩和赌博上，只有拿破仑把所有的时间都用在了学习上。他经常在图书馆里给自己免费充电，同时也会把书拿回家去研读。他明白只有现在刻苦努力，他的理想才会实现。那个时候拿破仑寡言少语，就算这样他也没有忘记读书，他还把自己想象成一个总司令，将科西嘉地图画出来，拿破仑把用数学计算出来的结果，在地图上清楚地标识出来了。长官发现了拿破仑和其他人不一样，很好学，就让他在操场上执行任务，而且他每次都完成得很好，如此反复循环，他慢慢走上了权势的道路。

整整忍受了五年的痛苦，1784 年，拿破仑以优异的成绩毕业后，被保送到巴黎军校研究炮兵学。从此以后，他成为了一名真正的军官，并且创造了一系列的奇迹：指挥的五十多场战役，只失败了三场并连续五次挫败反法联军，歼灭敌人更是达到上千人。不到十年的时候，他夺回了他的科西嘉，也征服了大半个欧洲……

你看，这么一个又矮又小的科西嘉人，因为他的胆识和远见以及无畏的胸怀，创造出了一个伟大的法兰西帝国。要是没有当初的信念，拿破仑或许就会在同学的嘲笑中迷失自己，那样历史便会被重写了，更别提那些丰功伟绩了。

"不想当将军的士兵不是好士兵"。大千世界，有多少人一生平庸，又有多少人功成名就，这就要看你是否有英雄所应具备的眼光和胆识了，你是想当将军还是逃兵，完全就看你自己的选择了。

李先生和王先生同在一家台资企业做事，他们都有着很高的学术方面的成就，他们努力工作，工作能力也很强，可是待遇却完全不一样。李先生一直处于上升阶段，而王先生仍然停滞不前，这是王先生所不能理解的。

有一天，两人一起出差。天空有些薄雾，王先生车开得很慢，没过多久，雾越来越大，路上车很多，李先生一边和王先生闲聊一边由着王先生慢慢地行驶。

"这样的天，想要行驶安全该怎么做？"李先生问道。

王先生说："看着尾灯就可以了。"

李先生沉默了一会儿，突然问："如果没有尾灯呢？"

王先生听了，心中一阵震动，是呀，如果自己是头车，谁还会为自己指路？王先生也听出了李先生的话外音：想要成功，就要用自己的眼睛去看，用头脑去分析所有的事情，选择自己的道路。

此后，王先生的工作做得更加完美了，之后的不久，他就发现了一个从未有人涉及的区域，通过自己的努力，他很快就成功了。促使他成功的，只有一句话："做别人的尾灯。"

如果没有自己的眼光，没有应有的胆量的话，你只能跟着别人走，永远止步不前。或许你会走到尽头，但是当你重新来过的时候，你就会发现，你早已迷失在自己的脚步之下了。只有保证自己的双眼时刻明亮着，你才会找到前进的方向。

你想使你的人生有价值吗？那么，你就得培养一份誓当将军的大气，要有清醒灵活的头脑，不当只看着尾灯的人。把眼光放得更远一点，凡事有些预见性，不管对人生还是事业都是很有用的。

没有足够的胆量和精准的眼光，你是不会闯出自己的一片天地的。

投入——用尽全力才会有结果

很多人对一种想象都会感到困惑。

一起进入公司的人，过几年肯定会分出层次，有些人天天忙碌着，却没有得到重视，有些人天天看似无所事事，却节节高升，这是为什么呢？很多人都会这样问，不如我们来看一个小故事吧。

有一天，猎人带着猎狗去打猎。大半天过去了，还是一无所获，正要回家的时候，突然跑出来一只兔子，猎人开枪打伤了兔子的后腿。兔子拼命地跑，猎狗在猎人的指示下狂追兔子，但是兔子还是跑了。

猎狗垂头丧气地回到了猎人的身边，猎人生气地骂道："没用的东西，连个受了伤的兔子都抓不到，今天又一无所获了。"猎狗不服气地回答道："我尽力了，是兔子跑得太快。"

兔子回到洞里，它的兄弟们都来问它："你是怎么在受伤的情况下，逃离猎狗的追捕的？"野兔回答道："并非我跑得比猎狗快，猎狗是因为要得到主人的赞赏才来抓我的，而我是为了保住性命才用尽全力奔跑的。"

这则小故事告诉我们，猎狗已经尽力了，但是还是没有抓到猎物，从而受到了主人的辱骂，其实猎狗没错。但是通过兔子的对话，我们又得知：兔子其实跑不过猎狗，可兔子为了生存只能用尽全力地奔跑，由此可见尽力和用尽全力的结果是完全不一样的。

现代生活竞争异常激烈，很多人都仅仅满足于尽力做某事，尽力工作而已，就像猎狗一样，导致没有把自己最大化，同样也不能得到上司的认可和事业上的成功，以至于陷进了困顿当中。

然而我们应该像兔子一样，用尽全力才是正确的。我们要全身心地投入到工作中，把自己最大化，这样我们才可能得到别人的认同，才会有和自己的付出成正比的收入。成功不是随随便便就能获得的，都是需要用尽全力的。

我们知道只有袁隆平教授在杂交水稻研究与推广方面取得了巨大的成就，他的水稻参量已经达到 1287 千克之多，但他几十年如一日的用尽全力的付出是很多人想不到的，他每天都在进行实验，在试验田一待就是一天，他说过："我如果不在家，就一定在实验田；如果不在实验田，就一定在去实验田的路上。"这就是他生活的真实写照。

为什么都是出力，两者间的差距如此巨大？我们都忽略了人的潜力。每个人的潜力都是无限的，如果不用尽全力把潜力激发出来，那我们实际发挥的潜力只有不到 10% 这么多。只有发挥出我们所有的潜力，我们的愿望才会被实现。

当然，如果你下定决心去做一件事，就要付出比别人更多的汗水和热情，要切断自己身上所有的惰性，坚持不懈地朝自己的梦想前进，这绝对是一种大气的做事方式，是一种难能可贵的精神品质。很多人选择避开它，就是因为它太难做到了，可是又有谁知道，如果真的做到了，你会收获到什么。

用尽全力去做事的确很难也很累，可是当我们成功的时候，那种喜悦会让我们觉得自己的付出都是值得的。其实我们知道，不管结果如何，只要我们用尽全力去做，我们都是最后的赢家。

兰狄·马丁是一名美国运动员，1972 年他参加了第一届波士顿马拉松比赛。比赛全程 26 英里，还是难度很大的山坡地。在这之前，兰狄·马丁一直在积极备战，他希望自己能够拿冠军。可是很遗憾，最终兰狄、马丁只赢得了第三名的成绩。

当记者问兰狄·马丁没有取得第一名的好成绩会不会有遗憾时，他回答得很坦然："只要你用尽全力地去奔跑，当你冲破终点的那一刻，你就是最大的赢家，只要你全力以赴了，每个人都是第一名，不会留下任何遗憾。"

兰狄·马丁是抱着赢的心态去比赛的，虽然他输了，但是他依然没有任何遗憾，当然，第一名是赢，但是用尽全力也是一种赢，享受的是过程而非结果，这也是能让你得到满足的最好方法。同样，在你工作遇到困难的时候，不要以我尽力了为借口，而是要时刻提醒自己，我要全力以赴，这没有什么难的。我要当兔子而非猎狗。

只有用尽全力地去做某件事，纵使是失败了，我们依然还是很享受努力的过程，到最后，我们都是最大的赢家。

规划——有规律才能事半功倍

天天埋头在杂乱无章的工作中，天天穿梭在各个办公室中，超负荷的工作，沉重的压力，会不会让你有种泰山压顶的感觉？

想改变吗？没有一个人会回答不想吧。那该怎么做呢？每天制订一个计划表，按照计划表进行每天的工作。有了明确的目标，你还害怕工作杂乱无章吗？

下面引用一则事例。

理查斯·舒瓦普是伯利恒钢铁公司的总裁，这是一家跨国公司，拥有十几万名员工。每天的工作就像是碎纸机里面的碎片，舒瓦普每天都得东奔西走，他越来越觉得有心无力了，更担心公司的运营。如何才能改变现状呢？最后舒瓦普决定请效率专家艾维·李帮助自己，希望他可以给自己一些意见和方法。

艾维·李对舒瓦普说："我只需十分钟教给你一套方法，可以让你摆脱现在的困扰，至少把工作效率提高50%。要是方法好用的话，你就给我寄张支票，并填上你觉得合适的数字。"是什么方法让艾维·李对自己如此有把握呢？他说："你今晚做个计划表，把明天要做的工作写上去，按重要到非重要排列。明天上班，从头做起，一直到你下班为止。"

过了一周，舒瓦普填了一张2.5万美元的支票寄给了艾维·李，2.5万？人们很震惊，为什么舒瓦普要填写如此高额的支票？舒瓦普解释道："用了这个方法以后，我这一周干了原本两周的工作，艾维·李教会了我最重要的东西，这次是我做得最成功的一次投资。"

舒瓦普的事例告诉我们，想要提高工作效率，就要做好工作计划。那些对于无论多么繁杂的工作都能做得井井有条，应对自如的人，他们肯定是平常有着做计划的好习惯。不管是多大名气的商人，他们都有着一个共性，就是先思考后行动、多做计划万事行。

至于计划有多重要，著名的美国作家阿兰·拉金曾在著作《如何掌控你的时间与生活》一书中说："一个人如果做事缺乏计划，靠遇事现打主意过日子，他的生活就只有'混乱'二字，这也就等于计划着失败。相反，有些人每天早上预订好一天的事情，然后照此实行，他们就是生活的主人。"

凡事向前看，对于每件事都应该有计划，尤其是稍微大一点儿的事，更应该如此。人生如此，事业亦如此。当然，如果只有计划没有安排也是不行的，计划是让你知道要干什么，而安排是让你去实施计划，两者缺一不可。

山田本一原本是一名名不见经传的日本运动员，1984 年的东京国际马拉松邀请赛和 1986 年意大利邀请赛他都获得了冠军，这一消息轰动一时。记者采访山田本一的时候，问他为什么能获得第一，山田本一只说了一句话：智慧战胜对手。很多人都认为他在故意装神秘，因为马拉松考验的毕竟是人的体力和耐力。

这个谜题在十年后终于揭开了，山田本一在自传中是这样描述的："一开始的比赛，四十多公里外的终点是我的目标，跑到一半我就跑不动了。到后来，我每次比赛之前都会去看看场地，在沿途做上标记，这样四十多公里的路程，我每次都是在冲刺，寻找新的标记，这就是我成功的秘诀。"

山田本一所说的是正确的，在众多的心理学实验中也得到了证实。心理学家得出了这样的结论：在人们有了明确的计划，而且还能把安排和计划加以对照的情况下，从而清楚地知道计划与实际之间的差距时，人们就会得到维持和加强，就会在不自觉的情况下完成计划的目标。

人生就需要一个一个的计划，就像上楼梯一样，我们要一步一个脚印走踏实了，不能留下漏洞。大的化成易达成的小的，这样才会让自己发挥出自己的潜能又不会太累，才会走得更远、更稳。

我们再来看一个事例。

尹梦把所有的精力都放在了音乐创作上，她梦想着可以成为一名有作为的音乐家，但是没有经验的她，对音乐界还是有些恐惧，时常不知道自己该往哪走，以至于发展不是太顺利。

"唉，我下周应该做什么，我一点儿也不知道。"尹梦对自己的大学老师说道。

"你五年后会在干吗？"老师突然冒出这样一句话，"你先想好了再说出来，不着急。"

想了一会儿，尹梦说道："我希望五年之后，可以在市面上看见我的唱片。并且这张唱片很受欢迎，能得到认可。"

"你已经有目标了，你现在可以把目标倒过来看。假如你第五年有一张唱片上市，第四年你要和公司签约，第三年你要有一次证明自己的机会，让公司认可你，第二年你要有好的作品进行录音，那么今年开始你就要把你的作品都安排好。你的第六个月要开始筛选曲子，第一个月要把当前的曲子完工，第一个礼拜要做的就是找出需要修改的曲子，分出需要完工的曲子，对吗？"

听完老师的话，尹梦恍然大悟，道："我知道我下周要做什么了，谢谢您。"

问每个人你的理想是什么，很多人都会脱口而出。但是问你要怎么计划你的未来，为数不多的人会说出自己的想法。计划定得不切实际，就会感觉计划虚无缥缈，确定不了自己到底能干什么。就会在这样的犹豫中失去成功的机会，所以说，成功者还是少数的。

因此，每当在最困惑的时候，我们不妨静下心来问问自己：你希望五年后的自己在做什么？随后给自己订一个计划，不要那么大，小一点儿、细一点儿。这很容易帮你走出当前的窘境。有了计划，就算你再忙，也会很好地完成要做的工作，此乃一种难得的大气范儿。

凡事向前看，对于每件事都应该有计划，尤其是稍微大一点儿的事，更应该如此。有了计划，有了安排，一切都会变得简单很多。

等待——耐心等待，方能抓住时机

人生的长河中，不可能一帆风顺，有阳光明媚的晴天，就有乌云密布的雨天；有平静蔚蓝的大海，就有惊涛骇浪的海水。这是我们的内心的不平静，此时我们要学会的就是等待而不是放弃。

我们要明白一点，等待不是让你荒废时间，而是让你静观其变，伺机而动。在等待中选择更适合自己的，更恰当的机会。何为适合的时机？这就需要天时、地利、人和。我们要做的就是不鸣则已，一鸣惊人。

春暖花开的时候，三只毛毛虫在河边散步，它们见对岸的花开得姹紫嫣红甚是好看，大毛毛虫要绕到对岸去赏花，二毛毛虫说要用树叶渡河，三毛毛虫只是静静地不动。过了几天，大毛毛虫的尸体在路上被发现了，它是累死的。二毛毛虫早就被水淹死了。三毛毛虫却依旧等待着，等到自己破茧成蝶之后飞舞在万花丛中。

没有船和桥，一只毛毛虫想渡河简直是异想天开。老大和老二都急于求成，结果一个累死，一个淹死。只有老三选择等待，等到时机到来之时，展开华丽的翅膀飞舞在美丽的花丛中。

这个故事告诉我们，想要一件事成功，时机是很重要的，时机未到不如静静地等待，欲速则不达，时机到了才会事半功倍。

楚庄王莅政三年，表面看似不理朝政，其实早已分清忠奸，他心怀大业，无视所有的嘲讽，"不鸣则已，一鸣惊人"，终成春秋霸主之一；青年时的康熙明白自己斗不过鳌拜，看上去不管世事，实际上在暗中操练自己的部下，最后成功铲除鳌拜，开辟"康熙盛世"。

如今社会，很多人不甘心自己的现状，拔苗助长，莽撞行事已然成了风潮。与之不同，如果谁学会了耐心等待、韬光养晦就显得尤为珍贵了。然而，能做到这一点的人少之又少，这是值得我们深思的问题。

不过，成功的例子也不少见。

印度人拉克希米·米塔尔在1983年靠进口电机发家，然而没过几年，印度政府以保护国内产业的名义禁止了发电机的海外进口贸易，他的事业进入了低谷期，可是米塔尔并没有气馁，他给自己放了一个长假，走访了中国、日本等地，在走访的过程中，他给自己找到了一个新的项目——按键式电话机。

按键式电话机一上市就受到了大家的追捧，但是米塔尔的电话业务因政府政策的变化再次陷入了困境：印度政府把按键式的电话变成了国产化，对手机服务商也进行了公开招标。公开招标的主要对手是包括知名跨国企业在内的印度大型企业，米塔尔的公司和他们简直没有可比性，政府明目张胆地就把垄断权给了那些大企业。

然而，这次米塔尔依旧没有任何抱怨，而是养精蓄锐等待机会，他在全力以赴地准备手机的总体规划，争取和一些外企联手。他认为，那些财团花了重金在招标上，这几年务必会面临经济危机，甚至是破产。

不出所料，1999年，印度手机服务业遭遇了严重的危机，许多企业因为无法交纳许可费用而倒闭，米塔尔认为时机到来了。他低价买进许可证，一口气获得了安德拉、加尔各答、孟买、喀拉拉等地的手机服务经营权，一下成为了印度电信的帝王。

米塔尔能拥有如此强大的气场和气魄，取得"帝王"称号，正是他养精蓄锐等待时机的结果，就像他演讲中所提到的："没有人可以一夜暴富，成功是需要努力的。"

耐得下心，沉得住气，静观其变，伺机而动，这种"坐看风云起，静观诸事变"的姿态，可以让人超脱世俗，可以让人心神开朗，而且能让你在等待中做出非凡的成就。实在是美哉，善哉！

现今社会，想要做好一件事，就得学会等待，等到时机成熟了还有什么是做不好的呢?！

忍让——忍一时风平浪静

在我们的生活当中，与人接触是必不可少的，人际关系学是一门很大的学科。交往时的磕磕碰碰如果处理得不好，会使人和人之间变得很难相处，会让小事最大化，旧问题没解决，新麻烦就出来了。

来看看这样一个笑话：《都多说了一句话》。

在一辆公共汽车上，有一个外地人手里拿着地图研究了半天，问乘务员："颐和园怎么走啊?"乘务员是个年轻漂亮的姑娘，正在剔指甲缝，她头不抬眼不睁地说："你坐反了，应该在那面坐。"单单说了这些话也没什么事，可是她又接着说了一句："地图都看不懂，还看什么啊。"

旁边的大爷听不下去了，对小伙儿说："你不用下车，再坐四站下车换

904也行。"大爷要是说到这儿也就完了，可后面偏偏说了句："现在的年轻人，没有一个有教养的。"

车上年轻人居多，这受牵连的人也太多了。旁边的小姐忍不住插话："大爷，没教养的还是少数的啊，您这样太以偏概全啦。"这位小姐一看就不是省油的灯，"您这看上去慈眉善目的，肚子里还不知道打什么主意呢。"

这时一个中年大姐说话了："你这孩子怎么和老人说话呢，你和你父母也这样吗？"女孩子已经不说话了，可是大姐还在说："看你那样，你父母肯定也不管你，穿得就不像个好姑娘。"紧接着，两人就吵起来了。

"都别吵了，赶快下车吧，"售票员说道。她又接了一句："要吵架的统统下车，烦死了。"这下所有的乘客都烦了，整个车骂声不断，引发了一起"暴动"。

无论是谁，他们说的话都在情理之中，但是都是因为斤斤计较、锱铢必较，导致一些鸡毛蒜皮的小事也变成了毫无意义的大事，吵得不可开交。

实际上，和别人发生矛盾的时候，冷静下来，退让一下。文学家维吉尔这样告诉过我们："不管碰见什么事，忍耐是可以战胜命运的。不管怎么样，我们首先要做的是忍让退步。"

忍一时风平浪静，退一步海阔天空。这不是屈服而是智慧，是真正的英雄。只要我们心胸开阔一些，适当地退步，很多事情都是可以很好地解决的。俗话说得好："斤斤计较之人，常常戚戚。心怀大气者，坦坦荡荡。"

太阳面对夜幕，选择了退让，于是，月光的轻柔洒满了大地。退一步海阔天空，选择退让，又何尝不是一种智慧呢？

有位先生带着爱人去岳父家吃饭，就餐时，两人聊起了某个问题。

两人越聊越激烈，谁都不认可对方。岳父就此说："现在的年轻人，太自私，只为自己着想。"岳父已然开始批评女婿了。

女婿觉得再谈论下去就会伤及感情，于是委婉地说："爸爸，我们的想法就是两条平行线，其实我们都是对的，我们所说的只是我们自己的想法，影响不了事态，何必吵得这么厉害呢？"

岳父一听，女婿不单单给自己一个台阶，还打了圆场，很是高兴，没有一丝不快，饭局在愉快的气氛下结束了。

和岳父相比，女婿大气得多。他的话不单单缓解了双方的僵局，也避免了破坏双方的感情。如果女婿不肯退让，依然继续争论，那么这顿饭会很难好好地吃完的。

如今的生活也是一样的，非要争论谁对谁错，有什么用呢？何不心胸开阔一些，适当地学会退让，这样既不会影响双方的感情，又会让人觉得你很有气度，这样不是很好吗？

《菜根谭》曰："径路窄处，留一步与人行；滋味浓时，减三分让人尝。此是涉世之绝佳安乐法。"这话说明了让步的重要性。退让看上去是妥协，其实在修整的时期获得的不一定会比失去的少。

韩信选择退让，能忍受胯下之辱，终成就一番大事；勾践选择退让，卧薪尝胆十年，报仇复国成就一番霸业；司马迁选择退让，弯腰屈身受宫刑之辱，身居蚕室，最终扬名。

人生是是非非多，心胸大气的人可以坦坦荡荡，他们有时候做出退让，是为了更好地养精蓄锐，为人生多添加一份体验生活的滋味。

退让是幸福的风帆，生活的小舟安上了这面风帆，我们就会发现原来生活中处处充满了阳光。"大肚能容，容天下难容之事"，人与人之间紧张的关系就会得到缓和。

专注——专心致志，成功在望

我们每个人的家庭条件不一样，天赋也不一样，但是机会却是人人平等的，谁都有成功的机会。

所以说，对创业的人来说，不管富贵与否，有利自然有弊，不管怎么样，都可成功。

虽说每个人都有成大器的机会，但是不是所有人都可以成功的。原因在于，大多数人没有自己的目标，不能坚持。让我们值得追求的东西有很多，什么都想要的话，往往什么都得不到。我们要有明确的目标，才可以成功。

就像狮子追捕猎物，被狮子认定的目标，哪怕身边的猎物和自己离得再近，狮子也不会改变目标。因为狮子知道，它和猎物之间的不单单是速度的较量还有体能的较量，猎物跑不动了，就会成为狮子的美餐。

要是狮子不断地换目标，猎物的体能不断地变换。这样下去，就算狮子累死也不会追到猎物。

想要做大事也是这样，人的精力有限，必须要把精力集中在一件事情上，才会有所收获，不然成功的几率小之又小。

禅宗慧远大师在年轻时喜欢云游四海。有一次，他碰到了一个特别喜欢抽烟的人，两个人一同走了很长的一段路，两人在河边休息的时候，旅人给了慧远禅师一袋烟，二人坐在那里边抽边聊。由于谈得投机，在分别的时候，慧远禅师很高兴地接受了旅人给的一根烟管和一些烟草。可是慧远禅师想到，烟草抽起来会让人觉得很舒服，让人变得懒惰，就把烟草扔了，不能让它打扰修行。

几年过后，慧远禅师又开始迷恋上《易经》占卜了。有年正值腊月，天气极冷。慧远禅师想向自己的老师要过冬用的棉袄，信寄出后很长时间也没有回信。慧远禅师便用《易经》为自己占卜了一卦，出来的结果是，信根本没到老师那。"占卜果然很准，但是我要是想专心参禅，怎能沉迷于此呢?"从此，他就放弃了易经之术。

不久，他又迷恋上了书法，每天都钻研其中，到后来也略有成就。连当时的书法家都对他赞不绝口。可是他又想："我只想专心参禅，这些都是偏离轨道的啊，不可行，不可行。"

不管你现在在干什么，要想成为焦点，就得有自己的目标和专心致志的定力。不要把精力放在其他无关的事情上。

专心致志，才会有所建树。既然已经确定了自己的目标，我们就要专心致志地去完成。要是你发现，你已经偏离了一开始的想法，你就要及时地回归，不然的话，你会越走越远的。

明朝著名的散文家、学者宋濂，学识渊博，能写一手好文章，朱元璋都称他为"开国文臣之首"。宋濂从小就好学，遇到不会的地方就要弄明白才行。

有一次，他冒着大雪走了数十里，去向梦吉老师请教，就是为了弄明白一个问题。可是老师不在家。宋濂并没有走，而是一直在门口等老师回来。天气寒冷，宋濂早已冻得浑身颤抖，脚也冻坏了。第三次拜访的时候还掉进雪坑了。当宋濂几乎晕倒在老师家门口的时候，老师终于被他的诚心打动，循循诱导并解答了他的问题。后来，他为了获取更多的知识，不怕艰难困苦，拜访了很多老师，在不断地努力下他终于成为了远近闻名的散文家。

我们现在的生活，有很多机会让我们选择。可是，过多的机会又会让我们见异思迁。我们要怎样做才能克服这个问题呢？这是我们人生很重要的一课。只要专心致志，就一定可以有所成就的。

我们要有自己的追求，但是不能迷失在过多的欲望和环境中。确定自己所要的，舍弃其他的，纵使其他的再好，也不要动心，果断放弃。

我们只需要知道我们自己最想要什么，其他的都可以舍弃。太多的欲求会让你筋疲力尽，所以我们只要向我们的目标前进就可以了。

不要沉迷在很多美好的幻想中，没有人会满足你所有的欲望，而我们所要的，也只能靠我们的双手去慢慢完成，只有这样，我们才会有满足感和幸福感。

踏实——脚踏实地比什么都重要

老子的《道德经》说过："合抱之木，生于毫末；九层之台，起于累土；千里之行，始于足下。"荀子的《劝学篇》也说过："不积跬步，无以至千里；不积小流，无以成江海。"《中庸》里面也有着同样的名言警句："行远自迩，登高自卑。"这三句话都体现了一个问题，那就是：不管干什么只有目标是不行的，还得有脚踏实地的觉悟。目标必须和行动结合起来，才会发挥最大的效益。不然的话，都是空想主义。

唐代著名禅师马祖道一年轻时，跟着怀让禅师一起修行。修行期间，马祖道一在南岳山终日禅坐，希望可以求得佛果。怀让禅师早就看出来，马祖道一会成为出色的接班人，但是他也明白，单单的终日坐禅是不会有成就的。为了让马祖道一尽快开悟，怀让禅师想尽了各种办法。

一天，怀让禅师去找正在坐禅的马祖道一，问道："你这样天天只在此处坐禅是为什么？"道一说道："我立志成佛。"

怀让禅师听完之后，就在地上捡了一块砖头，在大石头上不停地磨。道一不解地问："师父你在干吗，已经磨了很久了。"怀让禅师回答说："我要把砖磨成镜子。"道一笑道："这怎么可能，这可是砖啊。"怀让禅师也笑道："你也明白我磨砖不会成为镜子，难道你单单靠坐禅就能成佛了吗？"

道一想了一会儿，认为师父说得对，又继续问道："那师傅，怎么才能成佛呢？"怀让禅师语重心长地说："我问你，让牛拉车，车子停了，我们是要用鞭子打牛，还是打车呢？"想了想，禅师又接着说："你是因为想成佛，才学的坐禅吗？禅不单单是指坐禅，你要是认为佛是由坐禅而获得的，那就是大错特错了。你成日沉迷在'坐'上，误解了佛法，只会让你离佛道越来越远。"听了这些话，道一豁然开朗。

道一急于成佛，才会走进误区，这种急功近利的心态迫使他偏离了自己原来的轨道，也使他失去了客观性。

我们要明白，急于求成的人到最后往往都是一事无成。俗话说得好：欲速则不达。换个思路，如果我们不管干什么都能以平常心去面对，有着铁杵磨成针的毅力，成功的几率也是会大大增加的。

有一头健壮的狮子躺在树下，看见一只蚂蚁匆匆赶路。于是非常不解地叫住它问："你这是要去干嘛啊?"蚂蚁回答道："当然是去山那边的大草原啦,那里可宽敞了。"狮子一听也很有兴趣,说："你上我身上吧,我们一起去,你带路。"蚂蚁有些为难地说："狮子大哥,不是我不给你带路,你是到不了那边的草原的。"狮子生气地说："我跑得比你快,况且这世上还没有我到不了的地方,你慢慢爬吧,我走了。"

狮子眼看快到大草原了,可是突然出现了一座悬崖,狮子想想不敢拿自己的生命开玩笑,还是悻悻地回去了。没过几天,蚂蚁也到了悬崖前,它不辞辛苦,爬到崖底又爬上另一边的悬崖,终于来到了自己梦寐以求的大草原。

我们生活中有很多艰难险阻,大人物有时候会因为眼高手低而不能正视问题,而那些默默无闻的人们,凭着自己滴水穿石的毅力,得以解决问题。

从古至今,只要是有理想又肯踏踏实实做事的人,都取得了成功。这样的事件比比皆是。

司马光为了撰写宏伟著作——《资治通鉴》,没日没夜地查找资料。更是为了让自己不困,专门制作一个"警枕",所谓"警枕"就是一个圆木枕头,睡觉的时候只要一动,枕头就会掉落,而脑袋就会磕在木板上,有着驱散困意的作用。整整19年,司马光就是这样凭着坚持不懈的精神过来的,最终写出了《资治通鉴》的样本。随后又经过反复的修改,终于成稿了。书内写有16个朝代,是一部上至战国,下到五代,历经1362年,一共294卷,三百多万字的巨作。此书仅草稿就有两个屋之多。

在实现理想的道路上,没有谁是一下子就成功的,只有踏踏实实地去实现梦想,才有成功的机会。

坚韧——人生失意，不可失志

在我们的一生中，会遇到很多的问题，谁也不会一帆风顺地走完人生。不管是我们的事业，还是我们的亲情、爱情、友情，等等，都会遇到很多我们难以预料的事情。此时，应该是我们人生最失意的时候，然而这个时候的我们需要的是保持一个时刻清醒的头脑，这样，我们才能安全地度过危险期。不要抱怨生活中遇见的问题，我们可以把它看作是生活中的调味品，也可以把它看做是对我们的一种警醒。偶尔的失意，是可以让我们重新看清道路的最佳方式。

李白乃有诗仙之称，他在《将进酒》中曾说道："人生得意须尽欢，莫使金樽空对月。"这个体现的是一种潇洒的生活态度，不管失败与否，不管是得意还是失意，我们都要有十足的斗志，不可萎靡不振断送了自己的前程。只要是问题就会有解决的方法，条条大路通罗马，所有问题不是只有一个解决的办法的，这条路不通，我们为何不换条路试试呢？当我们处于人生的低谷的时候，心情极其低落，完全没有斗志的时候，自怨自艾是完全没有用的，这样做只会让我们陷得越来越深，这个时候的我们，不如让自己放松下来，保持一个冷静的头脑，来让自己沉淀下来。找出失意的源头，去改正它，得到教训，这对日后未尝不是一件好事。我们也可以利用这段时间每日三省吾身，对自己进行一个全面的分析，找到自己的优缺点进行调配。塞翁失马焉知非福，我们要有积极的心态，这才是我们所说的失意不失志。

纵观古今很多成功人士，和我们都是一样的，谁没有过失意的时候，他们之所以能成功，是因为他们失意不失志，他们所做的是从失败中吸取教训，而不是一蹶不振。司马迁因为仗义执言而被判入狱，以至于受到宫刑之辱。可是对于这些，司马迁不但没有被打垮，还写出了千古绝唱——《史记》。在《报任安书》中，他是这样写的："盖西伯拘而演《周易》；仲尼厄而作《春秋》；屈原放逐，乃赋《离骚》；左丘失明，厥有《国语》；孙子膑脚，《兵法》修列；不韦迁蜀，世传《吕览》；韩非囚秦，《说难》、《孤愤》；《诗》三百篇，大底圣贤发愤之所为作也。"由此可见，司马迁在失意之时，也是通过他们来勉励自己的。

蒲松龄家世衰落，屡试不第，生活难以果腹，在如此失意的情况下，他也没有放弃他的志向，还创作出了《聊斋志异》，在文学史上留下了醒目的印记。

失意是我们每个人都要经历的，这并不可怕。唯有受到过风雨的洗礼，我们的意志才能够得到锻炼，才能重燃战火，不放弃对生活的追求。

失意的时候，我们的情绪也会受到影响，但是我们一定不能滋养这样的情绪成长，我们自己要有个度。让你自己尽快从失意中走出来。给自己找一个发泄的方式，发泄完了就让自己静下心，好好想想，自己下一步该怎么做，该怎么打出一个漂亮的回旋踢。

失意但不可以失志。犹如歌里唱的："心若在梦就在，天地之间还有真爱。看成败人生豪迈，只不过是从头再来。"

第六章　如何提高自己的气量
——长养浩然气

> 想成大事者，必须要有广阔的胸怀，以及远大的志向。当面对别人的嘲笑的时候，我们应该做的，是把这些当成我们的动力，而不是和他们去计较对与错。以淡然心态去面对我们所要面临的问题，就算失败了也要记得，塞翁失马焉知非福。

心胸——事业大小由器量决定

所谓器量就是说一个人的心胸。一个心胸开阔的人才能赢得自己的事业以及应有的财富。相反，一个有非凡才华但心胸狭窄的人，注定一辈子一事无成。

纵观历史，只要是成功的人，哪个不是有着不同常人的器量，古代称之为"王者之风"。齐桓公不计前嫌，任命敌人管仲为相国，成就春秋大业；唐太宗重用诤臣魏征，从不独断专行，最终开创了贞观之治。

心胸开阔的人，拥有着从容大气、刚强坚毅的性格。他们不会因为小事而斤斤计较，能忍常人之不能。做事不拘小节，从而赢得了别人的赞赏也赢得了事业的辉煌。心胸狭窄的人，只会将精力用在鸡毛蒜皮的小事上，而忽略掉真正应该做的事，堵塞了前进的道路。

公元 200 年，曹操和袁绍两人在官渡打了一场持久战，曹操用七万人打败了实力高于自己十倍的袁绍。胜利之后，曹操把所有的战利品都留给了战士们，把袁绍的档案等作战文件分类整理为日后做好基础。

在整理的过程中，发现不少曹操手下给袁绍的书信，信中表明自己的忠心，希望战争失败后给自己留条活路。搜到这些书信的人如获珍宝，赶紧告诉了曹操。

所有人都对这样叛徒的行为感到气愤，而那些写信的人个个忐忑不安。大臣们劝说曹操把这些人军法处置，杀一儆百。

可是曹操却没有那样做，他说："当初实力悬殊，我也给自己准备了后路，我一个主将都没有以身作则，现在怎么能来判定他们的罪呢？况且，他们也知道错了，我们应该给他们改过自新的机会。现在战争胜利了，杀人也是不吉利的。"

收缴的书信，曹操下令在所有人面前全部烧掉了，一眼都没看。一瞬间，所有人对曹操都敬佩不已，那些背叛曹操的人对曹操更是感激涕零，下定决心誓死跟随曹操。

曹操火烧信件充分体现了他的智慧和胸怀。他明白在这样特殊的时间里，要做的是稳定军心，原谅这些人，不但可以稳定军心，还可以得到他们的认同和支持。眼下正是用人之际，如果杀了他们只会让想投奔自己的人望而却步，如果对他们的谅解可以换来人心，何乐而不为。曹操的这份心态对他后来统一黄河流域起了很大的作用。

如果你没有宽广的胸怀，那么想要成功只是一个幻想。器量说明一种气度。只有足够的胸怀才能成大器，那种锱铢必较的人，往往让人反感，他们怎么可能助你一臂之力呢?

胸怀小的人,往往是那种心胸狭窄、锱铢必较的人,他们不会先去找自己的缺点,首先看到的都是别人怎样怎样,他们用尽方法去打击别人,到最后弄得众叛亲离,没有人会去帮他。就像战国时期庞涓因为妒忌孙膑的才能,无所不用其极地去算计他,到最后适得其反,自己惨死在孙膑手下的射杀中。

对于有远大抱负的人来说,有着广阔的器量是人生的必修课。你可以才能没有别人出众,没有优秀的家庭背景,可是你必须要有这豁达的胸怀。只要你有了豁达的胸怀,你就可以协调好所有的人际关系,把全部的精力用在事业上,使自己获得成功。

志气——失败了就要笑着爬起来

生老病死就是一生,日月交替就是一日。这些都是生活中的自然规律,很多人遇到问题的时候就会自乱阵脚,忘记自己一开始的目标,失去了我们理性的一面,时常让我们空手而归。

德国人洛克的生活几乎是一帆风顺的,就算有时候有些事不顺心,他也会很自然地渡过去。可是当第一次世界大战来临,夹杂着其他许多问题一同涌向他的时候,他几乎崩溃。例如,他所开办的学校因为男生大批量的入伍面临资金困难;他的儿子在军中服役,生死不明,女儿马上高中毕业,面临着上大学的一笔学费,他的老家要修工厂,要无偿征收他的房子,赔偿费只有市价的 1/10……

"有这么多糟糕的事情等着我去处理，我一点儿头绪也没有，该怎么办呢?"此时的洛克天天为了这些事而发愁，以至于，几天后洛克因为心急如焚，意外脑溢血去世了。

一年后，事实证明，洛克的死是不值得的，他所担心学校的问题，得到了解决，政府拨款训练退伍军人，学校很快就招满了学员；大儿子安全地回来了，在女儿上大学之前，找到了稽查的兼职工作，帮女儿赚够了学费，房子周围也发现了油田而不被征收。

由此可见，当我们看不见光明的时候，我们并不应该感觉到害怕，只要我们不放弃希望，生活还是充满希望的。一个人如果只愿生活在黑暗中，就算是外面天气晴朗，他也不会存在希望，更不会存在斗志。

世事难料，有人平步青云，有人身陷沼泽。遇见黑暗是正常现象，我们此时应该做的是寻找光亮。就像顾城的那一句诗："黑夜给了我黑色的眼睛，我却用它来寻找光明。"

我们的心境尤为重要，生活上的磕磕绊绊有很多，此时如果我们心存光明，那么再糟糕的事情，我们也会觉得很美好，此时对我们的影响只在于我们心里的想法。心胸豁达一些，一切都会迎刃而解的。

俄国作家契诃夫写过一篇文章《生活是美好的》，里面写过这样一句话："要是火柴在你的衣袋里燃烧起来了，那你应当高兴，而且要感谢上苍，多亏你的衣袋不是火药库。要是有穷亲戚到别墅来找你，那你不要脸色发白，而要喜气洋洋地叫道：挺好，幸亏来的不是警察……"

用这样的心态去想问题，我们就会发现，生活如此美好。

其实，只要内心充满阳光，不管身处何处，我们最终会将黑色的帷幕撕开，看见绚烂的彩虹。

1880 年的亚拉巴马州北部的一个名叫塔斯喀姆比亚的城镇出生了一个小女孩名叫海伦·凯勒。海伦在一岁半的时候差点儿因高烧丧命。但是生命却和她开了一个大玩笑，让她永远听不见、看不见，紧接着她又失去说话的权利。此时的海伦犹如身在黑暗之中，多亏，她是一个不会轻易放弃的人。

不久之后，海伦就用她的其他器官来探知这个世界。她和母亲形影不离，她用触摸用嗅觉来体验这个世界。她的模仿能力极强，很快就可以自己去学着做一些事情，她甚至可以通过摸别人的脸来辨认对方，通过嗅觉知道自己在花园的哪个角落。

海伦用自己的方法通过她的老师莎莉小姐来学习认读。她用手指感觉莎莉的嘴唇，用触觉学习喉咙的颤动，她通过自己坚持不懈的努力通过了美国哈佛拉德克利夫学院的考试。大学期间，很多书都没有盲文版，海伦需要通过自己更多的努力来学习。

她在自己的世界里不断摸索，海伦学会了读书和说话，而且以优秀的成绩毕业，此时的海伦掌握了英、法、德、拉丁、希腊五种语言，成为了优秀的作家和教育家。她的著作《假如给我三天光明》感人至深。随后，她走遍了世界各个地方，为盲人办学校，把自己的一生献给了事业。她不仅获得了很多嘉奖，更获得了人们的赞赏。有人这样评价她："海伦·凯勒是人类的骄傲，她是我们的榜样，我们相信，更多的聋、哑、盲并且还有着疾病的人，都会在黑暗中找到光明的。"

有影子才会有阳光，海伦没有因为自己的缺陷而放弃自己绚丽的人生。身体上的疾病并不是真的疾病，内心的疾病其实才是真的疾病。只要我们心中有阳光，就终究会看见美丽的太阳。

能阳光地欢笑，是一种生存本能，而在黑暗中依旧可以阳光地欢笑，则是一种品质。我们在黑暗中寻找光明，需要具有"采菊东篱下，悠然见南山"的闲适。这种宽广的心胸，是一种强大的力量，更是一种淡然。只要心中有阳光，不管身处何地，终究会看见太阳。

人生不可能一帆风顺，主要还是看心态，我们要做的是看向未来，要在黑暗中寻找我们的太阳，寻找美好的生活。只要我们不畏惧，不放弃，一定会看到耀眼的光芒。

谦虚——淡然生活气量大增

"我有花一朵，种在我心中，含苞待放意幽幽……"

优美的旋律，押韵的歌词，这就是我们审美的情绪，酒微醉为好，花开半为佳，做人处事应如君子兰，温文如玉，低调淡然。"天不言自高，地不言自厚"。自己的本事自己心里清楚，别人也都看得见，不用吹嘘，更不能狂妄自大。低调的生活会使人心情愉悦，放出淡淡清香沁人心脾。

几米已经是家喻户晓的漫画家了，他的《向左走，向右走》，可谓是风靡一时，成功开创了成人绘本的先河。现如今他的漫画已经翻译成好几国语言远销海外了。可是，你看见过他吗？你看见过他在哪个节目中侃侃而谈吗？他可谓是低调至极。

几米小时候就喜欢用绘画来表达自己的内心，他的绘画向人们传达着一种宁静平和的生活方式。几米的作品在 1995 年以前并不怎么出名。1995 年，几米查出换上了血癌，这对他是多么大的灾难，可是几米并没有因此崩溃，而是很平静地面对一切，用平和的心态去面对生活给他带来的痛苦。

几米在家休养的时候并没有放下手中的画笔，他利用这段时间仔细研究绘画技巧，并在画的边上写上自己的感悟，每句话都彰显着他的低调和淡然的处世哲学。在这个阶段几米创作出了《森林里的秘密》、《微笑的鱼》等很多让人赞不绝口的作品。然而一直折磨他的血癌也神奇地痊愈了，这或许就是他的淡然救了他吧。

几米在 1999 年创作出了 《向左走，向右走》，好评如潮，他在几乎全封闭的环境下挑战自我成功了。此时的几米带着他的作品受到了众人的追捧，成为了首屈一指的漫画家。几米在面对功成名就时，表现出来的是淡定，他从不轻易接受采访，更不会去刻意炒作，几米在采访中曾说过："我只是希望人们能够将注意力放在我的作品上，并从中感受到生活的意义，或是有所启发。""我只是想去做自己喜欢的事情——画画、写诗，至于其他的事情，比如跟媒体打交道等，我只用生活中 1% 的时间。并且，我不想让自己的创作思路受到外界的干扰，我想让我的作品保持一种平和的美好。"

低调行事，淡然处世，这就是几米的原则。就因为有了这种原则，几米才能够带着那种若有若无的香气，一直围绕着我们，让我们久久不能舍弃。

其实我们不知道，大多数的烦恼都是来源于我们自己。在我们看来天大的事，其实只是我们自己给虚化了，在别人眼里，其实只是一件很小的事情，有时候你觉得自己很伟大，可实际上，你并没有自己想的那么不可或缺。在这个没有常规的世界上，没有谁离不开谁，我们要正视我们自己，也要正视别人的存在。取得成就的人，不会是那些天天炫耀的人，相反，取得成功的那些人，往往都是把名利金钱看得很淡的人，他们的目的只是追求自己喜欢的。

懂得淡然享受生活的人，不会遇不到困难，他们所做的是低调地化解困难，不会让自己难堪。懂得低调的人，不会骄傲自大，他会用踏实的脚步去做每一件事，从容不迫地去完成应该完成的东西。

磨难——经历磨难方能取得人生真经

我们的人生就像是去西天取经一样，要经历的远远不止九九八十一难。如果我们一遇到困难就自暴自弃，萎靡不振，那我们的人生终究会是一片空白。

我们来分享一个小故事。

有个人看见一只蝴蝶马上就要破茧而出了，但是它许久也没有挣脱出茧的束缚，于是就想帮它一下，给茧剪了一个小口，让蝴蝶从此爬出。可是他没想到，蝴蝶的破茧挣扎是为了给翅膀储存能量，他这样"帮助"，完全让蝴蝶失去了飞翔的权利。

我们的成长犹如蝴蝶的破茧而出，每个人都要先经历困难，才能取得真经，才能在智慧上、胆量上有所成就。

孙悟空每次都想一个筋斗云把真经拿回来，这样做可以吗？当然是不可以，智者看重的不是结果而是过程，没有重重的考验，就不会体会到真经的真谛。

孙悟空神通广大是人人都知道的，可是他还是要经历九九八十一难，如此平凡的我们，受到现在的磨难也就很好理解了。换个思维想想，其实路上的磨难也是对我们的考验，也是在锻炼我们。掩卷沉思，在遇到困难的时候，你有没有想过逃避呢？

有器量的人明白"吃得苦中苦，方为人上人"、"宝剑锋从磨砺出，梅花香自苦寒来"的道理。磨难是我们生活的调味剂，也是我们的助力剂，只要我们用积极的态度去面对我们所要解决的问题，就没有什么解决不了的问题。只要能坚持住，我们就会把自身的能力发挥到最大。

"现代法国小说之父"、世界顶级大文豪奥诺雷·德·巴尔扎克曾说过："苦难对于天才是一块垫脚石，对能干的人是一笔财富，对弱者是一个万丈深渊。"我们仔细想想，事实亦如此，只有经历过暴风雨的洗礼，我们的才能才会得到升华。巴尔扎克就是一个典型的例子。

巴尔扎克出身贵族，但他的童年就像是他的噩梦，母亲对他的冷漠让他缺少了本应拥有的母爱，更让他觉得自己是个多余的人。上大学的时候，因为想做文学家，而父亲喜欢律师，变得和父亲的关系日渐紧张，以至于失去了经济来源，不得不自己出去赚钱生活。但是在此期间他仍没有放弃他的梦想，虽然付出和回报成反比，但他依然坚持着。

毕业以后，为了能有稳定的生活和创作的基础，他从事过出版业、印刷业，但是都以失败告终，后来还在和书商的交易中受骗，以至于欠下很多债。为了四处躲避债务，他只能不停地搬家，在他最困难的时候，每天吃干面包、喝白水裹腹，但是他还是乐观向上的，他在想象中完成了他的一餐。

在社会上经历了太多的人情冷暖，遭遇了太多的变故，可是巴尔扎克仍然没有放弃他的梦想，他在手杖上写道："我将粉碎一切障碍。"他不放弃，仍然不断地进行各方面的研究，学习了很多知识，积累了很多经验，终于成为了法国现实主义文学成就最高者之一。

屡遭失败、负债累累……这些足以让一个人崩溃。可是巴尔扎克不但没有退缩，反而越战越勇，最后终于到达了人生的巅峰。真金不怕火炼，最好的东西往往就是这样炼造出来的。

翻开名人们的自传，他们都是经过烈火锤炼出来的。帕格尼尼一生惨遭八次疾病折磨，终成19世纪最伟大的小提琴家；贝多芬身残志坚，并用坚持不懈的毅力完成了《F大调协奏曲》。

当一个人接受磨难的洗礼时，最重要的是，要拿出勇气和信心，要培养出一份大气。我们要把磨难看成人生的垫脚石，把痛苦化为力量。

对于磨难的认识，《孟子·告天下》曰："天将降大任于斯人也，必先苦其心志，劳其筋骨，饿其体肤，空乏其身，行拂乱其所为，所以动心忍性，增益其所不能。"困难越大，激励越大。君子以自强不息，乾坤在手，燮理阴阳，践中庸之道，唯君子得之。

面对不如意的时候，我们要做的不是自暴自弃，而是勇往直前，我们不能率先否认掉我们自己，我们要做的是主动迎接磨难，在磨难中锻炼自己，放出耀眼的光彩。

只有经历过了磨难，你的人生才算完整；只有经历过了磨难，你才会明白什么是大气；只有经历过了磨难，我们的灵魂才会得到升华，事业才会开阔，才能勇往直前。

信念——让不可能变成可能

掩卷沉思，你是不是说过这样的话：

"我学历不行，工资也就这样了。"
"我能力不行，做不了那样的工作。"

生活中我们会遇到各种各样的阻碍，"绝不可能"似乎成了我们的代名词。可事实上，事情难道真的就不可能吗？其实很多的可能是被我们自己变成了不可能。

美国妇女费罗伦丝·查德威克在 1952 年 7 月 4 日早上，从卡塔弗纳岛涉水下到太平洋中，开始向加州海岸游过去。如果成功了，她将成为第一个横渡这个海峡的妇女。在这之前，她是横渡英吉利海峡的第一妇女。

那天早晨，加利福尼亚海岸笼罩在浓雾中，海水刺骨的凉，费罗伦丝冻得浑身发抖。上千万观众在观看她的比赛，她在大海中不停地游着，鲨鱼好几次都向她靠近，被工作人员开枪吓跑了。

时间在流逝，费罗伦丝眼前除了浓雾什么都没有，她感觉自己快要到极限了，可是一想到母亲和教练在另一条船上等她，她就告诉自己，不能放弃。可是最后她还是放弃了。

过了十分钟，也就是 15 个钟头 55 分，费罗伦丝被拉上了船。她的船所在的地点离岸边实际只有半英尺了。费罗伦丝不无遗憾地说："如果我看见陆地了，我一定可以坚持下来。"

这个故事告诉我们：阻碍费罗伦丝的不是雾而是眼前被挡住的视线，还有错误的心理暗示，结果她真的就不行了。

现实就是这样，当困难来临的时候，我们总是暗示自己做不到，以至于最后真的就不行了。有的人本来很有潜质，但是自己找不到突破口，到最后只能慢慢地沦为平常人，这应该就是把"可能变成不可能"了吧。

可是有些人明明很是普通，但最后却功成名就，大多时候，这就是把"不可能变成可能"的真实事例。我们要用积极的心态去面对问题，把所有的不可能变成可能。这也是一种大气的表现。

他是一名澳大利亚人，出生的时候只有可乐罐那么大，天生的残疾让他脊椎下部不能发育，医生说他活不过 24 小时，但是他却坚强地活了下来，17 岁的时候不得不切除腿部成了"半"个人。

他的人生是以痛苦和羞辱填满的，上学的时候同学们都欺负他，有一次差点丧命在火堆里。中学毕业，他想找份工作，但是店主看到他的时候，都拒绝了他。

这样的人生谁能够忍受？他的一生似乎就是个悲剧。但是，他却没有放弃，依然坚持乐观地生活，并获得了一系列的成就：1994 年获得了网球冠军，2000 年拿到了举重比赛的第二名和体育机构的奖学金，同时，获得板球、橄榄球二级教练证书，考取了驾照。他在 190 个国家进行过演讲。

他就是享誉世界的残疾人激励大师——约翰·库缇斯。

库缇斯天生严重残疾，但他挑战死亡；虽然他小时候受尽白眼，但是依旧笑着面对人生。他是人们所谓的"半个人"，可同时也成为了运动健将。他是怎么把这么多不可能变成可能的？库缇斯是这样解释的："世界上充满困难，如果你以消极的心态去面对困难，那么将被它打败。我们要勇敢地去面对它，不要有任何的疑虑，要对自己说都是可能的。"

从不对自己说"不可能"的库缇斯比别人多了一份"我可以"的大气。面对生活的挑战，他都怀着极大的勇气和信心去接受挑战。他靠着自己的力量，赢得了最后的喝彩。这是何等的大气。

世界上原本是没有让人成功的咒语的。最初我们都是同步起跑的，跑在前面的都是一些心怀大气的人。心中抱着"绝对可能"的信念，最终获得了人生的精彩。

就像爱默生说的那样："相信自己'能'，便攻无不克。"就因为他有这种知难而上的大气，使他攻克了很多难题，成为了"美国的孔子"、"美国文明之父"；拿破仑也曾经说过："在我的字典里没有'不可能'这个词。"就因为他有着不怕困难的决心，促使他每次的战争都以成功结束，成为法兰西第一帝国皇帝。

世上没有什么事情是绝对的，一开始谁都不会知道结局是什么，只要敢于实践敢于挑战，这就是我们的成功所在。同时，这也需要很大的勇气，但是同等，你会获得前所未有的体验。

培养出一份大气，把所有的不可能变成可能，从心里把它彻底地铲除掉。这才是能激发出内心的潜质，唤醒真正的你的方法。

没有谁是受到上帝的眷顾的，我们都是平等的，只在于我们能够激发出自身多大的潜力，内心是有多坚定。

宽恕——赞谤由人，笑对嘲笑

"你怎么那么笨啊？"

"这裙子真好看，真可惜你穿不上。"

"别白费力气了，你永远也成不了画家。"

你受过这样的话语攻击吗？在别人嘲笑你的时候，你是怎么做的呢？情绪激动，还是郁郁寡欢或者是会勃然大怒？

这些反应很正常，但并不是有气度的人应该做的。他们嘲笑你是为了打击你的气势，如果你顺着他们的话语前进，终有一天，你会真的成为所有人的笑柄。

想让嘲笑自然而然地平息，我们要做的就是给予包容，很大气地接受。有段话说得好，寒山问拾得说道："今有人谤我、欺我、辱我、笑我、轻我、贱我、恶我、骗我，如何处治乎？"拾得曰："只是忍他、让他、由他、避他、耐他、敬他、不要理他。再待几年，你且看他。"

我们接着再来看一个小故事。

禅师在旅途碰到了个不喜欢他的人，那个人一直用污秽的语言污蔑他，但是禅师仍然无动于衷，好像没听见一样。

那人很是不理解，就问禅师为什么。

禅师问："如有人送你一份礼物，但是你不肯接受，礼物归谁所有呢？"

那人回答："当然是送礼物的人啊。"

禅师微笑着说："没错。若我不接受你的谩骂，那你就是在骂自己了！"

那人听完低着头走了。

其实，被人嘲笑的时候，主要是看你的心态如何。别人嘲笑你的时候，你选择无视他，宽恕他，此时体现的是你的涵养。以"骤然临之而不惊，无故加之而不怒"的大丈夫气概胜过对方，就算对方怎么说，都和你无关，更不能牵动你的情绪，那你就战胜他了。

赞谤由人，不必计较。谤可消业，何必烦恼？何以息谤？答案就是"无须解释"。何以止怨？答案就是"不去争论"。这样的胸襟、器量才是一个君子所应该拥有的。除了这些，不予理会、微微一笑也是很好的方法。拜伦身为文学大师曾说过这样一句话："爱我的我抱以叹息，恨我的我置之一笑。"他的这一"笑"，给予我们的是无尽的洒脱。

报之一笑，不予理会，走自己的路，让别人说去吧。这样的伤害方式，起不到任何实质性的作用，如果你加以好好利用，它会变成你无尽动力的源泉。当你获取成就的时候，就是他们羡慕不已的时候，这就是所谓的大气之风。

国际设计大师皮尔·卡丹的奋斗史就说明了这个道理。

皮尔·卡丹小时候家境困难，家里人每天都要为了吃饭穿衣而发愁，但是卡丹对各式各样的衣服充满了好奇。他喜欢在街上闲逛，时装店里的衣服让他流连忘返，虽然耳边的斥骂声不断，但是丝毫没有打破他的美梦，他想着："以后我做的衣服肯定比这些都美。"

中学退学以后，卡丹就在一家制衣店当起了学徒，很快就学到了手艺，在当地也是小有名气。过了几年之后，卡丹终于有了自己的第一家店，很快就成为了女装市场的新星，紧接着他就开始步入男装市场。卡丹的这一想法，让所有的商家感到不齿："一个男人还要打扮，这像什么？他是不是疯了？谁会在乎男人的穿衣打扮？"最过分的是，他们竟然将卡丹赶出了巴黎时装女装业，卡丹的名誉也受到了很大的损失。坚持不懈，不放弃信念，就是卡丹的信条，他没有放弃男装，同时还聘请模特做秀。很多男士受到了极大的影响，都请他为自己设计衣服，卡丹再次发出了光和热。

紧接着，卡丹把重点放到了大众消费者的身上，把时装大众化。这次他又遭到了嘲笑，可是他还是没有放弃，继续着他的"时装革命"。他说："我早已被人骂得麻木了，我每次成功前，都会被人唾弃，他们是我的动力，我要做的就是不停地前进。"

如今皮尔·卡丹的名字早已如雷贯耳。他的公司在每个国家每个地区都有分公司，员工也早已超过了 20 万，他的事业被人们称为"皮尔·卡丹帝国"，而他这个"君主"，也受到了万人敬仰。

面对人们的嘲笑，卡丹依然前往，嘲笑是他的动力的源泉，正因为有了别人的嘲笑，他才能取得如此大的成就。嘲笑不一定就是不好的事情，只要加以利用，就会成为你不尽的动力。

想一下，要是卡丹一开始就和他们争辩的话，没有开阔的胸怀，让仇恨一开始就种在了心底，怎么他还会有现在的成就吗？

受到别人嘲笑的时候，我们要做的不是同他辩论，而是应该大气一些，聪颖一些，调节好自己内心的情绪，使嘲笑变成前进的动力。

别人嘲笑你，你只需要一笑而过，不需要做过多的解释，你要做的只是调节好你内心的情绪，把它当成跳板，一跃成名。

淡定——万事皆以平常心对待

"失之东隅，收之桑榆"和"塞翁失马，焉知非福"是对得失最好的解释。在我们人生的道路上，有得就有失。我们在得到的同时也是在失去着什么。

失去对于我们来说是痛苦的，但是也并不是说是不幸的，你在失去的同时也是在获得。获得收获，我们是喜悦的，收获失去，我们也是幸运的。

东汉冯异的故事给我们很好地诠释了"失之东隅，收之桑榆"的道理。

颖川郡父城县 (今河南郏县南)，有个名叫冯异，字公孙的人，年轻的时候特别喜欢读书，专精《左氏春秋》和《孙子兵法》，王莽末年任颖川郡郡掾之职。

光武帝任命冯异为征西大将军时，正是三年 (公元 27 年) 春，也是大司徒邓禹奉命率领车骑将军邓弘等引兵东归的时候。他们要求与冯异在华阴合兵进攻赤眉军。可是冯异认为，光武帝现在"使诸将屯渑池要其东，而异击其西，一举取之，此万成计也"，邓禹与邓弘又都不听劝告，邓弘率兵攻打赤眉，但是大败于赤眉，冯异又迫不得已和邓禹一起前去救援邓弘。赤眉军看见援兵前来，不由得向后退，此时冯异劝邓禹穷寇莫追，但是邓禹贪图功名，领兵乘胜追击，谁知道，赤眉军突然埋伏反击，邓禹的军队溃不成军，邓禹避难于宜阳。冯异与麾下数人被迫弃马步行，逃到了回溪阪 (回溪阪又名回坑，即东崤山阪，在河南洛宁县东北)。

安顿下来后，冯异召集伤残的散军，加上重新招募的士兵人数已达到万人。他选出了一些强兵，扮成赤眉军，埋伏在两边，自己亲自去迎战赤眉军。等到时机一到，加上赤眉军人困马乏之际，突然攻击，赤眉军分不清敌我，乱作一团，在崤底大败。残兵剩将逃到宜阳，在宜阳又受到刘秀的突袭。在艰难的战斗后，由于没有粮食，赤眉残军投在了刘秀旗下。

结束了战斗之后，刘秀写了道诏书，起名《劳冯异诏》，诏书内有这样几句话："始虽垂翅回溪，终能奋翼渑池。可谓失之东隅，收之桑榆。"意思是说：最初在回溪吃了败仗，但是在渑池却获胜了。这就说明，在太阳升起的东方失败，在太阳下山的地方成功。

成语"失之东隅，收之桑榆"就是这样来的。它告诉我们：在一个地方失败了，就会在另一个地方成功。就像我们经常说的"东方不亮西方亮，阴了南方有北方"。失去并不代表没有了希望。

一个普通家庭，想要乘船旅行，因此他们省吃俭用终于攒够了出去旅游的钱，但是在要出发前一周，儿子不小心被狗咬伤，医生怕病毒感染把全家人都隔离起来了。他们也因此错失了大好机会。在没有得知他们本要乘坐的那条船沉水之前，父亲还在抱怨儿子，但在得知之后，父亲大为转变，深深地感谢儿子。

由此可见，失去并不意味着失败，也不意味着厄运的降临。有些时候，它会成为我们的好运，默默守护着我们。

不好的事情，我们就要用积极向上的态度去面对，就会发现不一样的结论。我们要知道，在我们的道路上，不会一帆风顺的，在我们遇到困难的时候，我们要用"塞翁失马，焉知非福"来激励自己。

我们可以用大智若愚的心态去处理我们生活中的不幸，有时候"失之东隅，收之桑榆"也是一种福气。

分享——与人分享才会拥有一切

有一篇名为《巨人的花园》的童话故事，文章是这样描述的。

巨人拥有一个美丽无比的花园，巨人一直不在，突然有一天巨人回来了，看到孩子们在自己的花园里玩耍，很生气，他在花园周围筑起了高墙，将孩子们拒于墙外。从此，园里花不开，鸟不语，一片荒凉，春、夏、秋都不肯光临，只有冬天永远留在这里。冬去春来，花园里还是冬天的景象。巨人醒悟了，随即拆除了围墙，花园成了孩子们的乐园，巨人生活在漂亮的花园和孩子们中间，感到幸福无比。

还有一个故事叫《天堂和地狱》。

有人问传教士天堂与地狱有什么区别，传教士把他领进一间房子，一群人围坐在一口锅旁，每人拿一把汤勺，可勺柄太长，盛起汤也送不到嘴里，一个个眼睁睁地看着锅里的美食饿肚子。传教士又把他领进另一间屋子，还是一样的锅，一样的勺子，可人们却吃得津津有味。原来他们是在用长长的汤勺相互喂着吃。传教士说："刚才那里是地狱，这里是天堂。"

　　这两个故事虽小，却都在说着同一个道理：人和人之间只有相互帮助，才会达到共鸣，我们才会生活在天堂，不然的话，就是生活在地狱。

　　我们的生活不会一帆风顺，肯定会遇到各种各样的问题，这个时候我们就要大气一点儿，学着分享我们的生活、快乐、财富和痛苦。

　　分享并不是失去，就像此时你有了一个苹果，如果你只自己吃的话，你只会尝到苹果的味道，假如你和别人一起来分享这个苹果的话，你会尝到三种味道，首先是苹果的滋味，然后是和别人分享水果的喜悦的味道，最后就是获得别人好感的滋味。同样，当别人有好东西的时候，也会和你一起分享。

　　《人猿泰山》想必大家都看过，我们有想过为什么泰山大喊一声的时候所有的动物都会来帮他？他凭借着什么力量成为森林之王？他之所以能成为森林之王，受到动物们的推崇，是因为他乐于和别人分享一切，乐于帮助所有人。

　　每个人的智慧都不是无限的，只有资源共享，我们才会有无穷无尽的资源。当我们遇到快乐的事，可以和大家一起分享一下；当我们遇到伤心的事情，我们和朋友诉说，会得到朋友的安慰。不管是优点还是缺点；不管是经验还是教训，在分享的同时，我们也在共同进步。

　　当遇到问题，一个人彻夜研究的时候，可能一点儿思路也没有，同一个问题，当一群人一起研究的时候，从他人的思路中，我们可以找到我们的问题所在，这也是分享的意义和价值所在。

　　我们来看下日本商业领袖井深大的故事。

　　井深大刚在索尼工作的时候，盛田昭夫身为索尼的老板就把他安排在重要的位置上，负责新的产品开发。井深大对自己很有信心，但是他知道，只靠他自己，没有团队的力量，是不可能完成这个产品的。

　　在新产品的研制过程中，井深大毫无保留地把自己的经验分享给大家，例如，收音机有哪些辅助功能等，销售部的同事，借此机会找出了公司录音机不畅销的原因：一，价钱高；二，太笨重。经过多次研究，新产品有了新的方向——价格大众化，机身轻便化。

井深大一起和工人们努力，终于攻克了一道又一道的难关，制造出了日本首个轻便晶体收音机。井深大也因为这次突出的表现，被任命为副总裁，当他被盛田昭夫表彰的时候，他并没有忘记和他一起努力的工人们，在盛田昭夫的面前，他把同样的荣耀也给了其他人，因此所有人获得了平时三倍的奖金，了解了来龙去脉后，大家都表明自己愿意跟着井深大一起为公司努力。

在工作中，展现一个谦和大度的印象，更容易获得别人的认可，整个团队也更容易接受你，听你安排。有了团队的支持肯定比自己一个人努力所做出来的东西多得多。这就是井深大给我们留下的财富。

微软、英特尔的巨头们，他们成功的秘诀，不都是在于肯和别人分享吗？就拿微软举例，视窗操作系统让微软大赚了一笔，微软总裁比尔·盖茨并没有把这项技术偷偷地藏起来，而是和所有的商家分享技术，秉着有钱大家赚的思想。因为比尔·盖茨当初的分享精神，现在很多硬件商家都支持微软的系统和软件，所有的软件也能在微软系统中运行。正是因为微软的这种大气，才促使它能够霸占全球操作系统这么多年。如果当初比尔·盖茨没有把这项技术拿出来和大家分享，恐怕也不会有今天这么辉煌的微软。

古时候的陶弘景与友人分享"晓雾将歇"、"沉鳞竞跃"的山中美景；苏轼夜游承天寺，同人一起欣赏了"水中藻，荇交横，盖竹柏影也"的月下之色。只有学会了分享，才能使我们从内而外地得到升华。

人生的乐趣正在于此，孟子说过："独乐乐，不如与众乐乐。"学会分享，这是一种豁达的器量，两个人的力量肯定大于一个人的力量，同理，人越多，力量就越大。

我们要学会与人分享，才能得到更多的经验、技术，同样，我们也要把我们的快乐、经验，分享给我们的同伴，这样我们就可以发挥最大的能量，达到事半功倍的效果。

吃亏——多吃亏就是多积福

我们来看个故事吧。

苏珊是一家汽车公司的网络编辑，她在工作上从来都是自己做自己的，不肯帮同事做一点儿事，下班就走，这让同事们很不喜欢她，问她为什么，她说怕吃亏。

这天下午，公司需要紧急发通告给营业处，恰巧文员又不在，办公室只能抽出一些员工协调一下，苏珊也在内。苏珊觉得委屈，觉得这不是自己的工作为什么要让自己做，而且她来公司不是为了套信封的，仍然准时下班了。

听了她的话，办公室主任没有管她，抱着信封和其他人一起整理去了。办公室全体人员热火朝天地工作，只有苏珊不在，员工们心里愤愤不平，把对她的不满一吐而尽，恰巧被经理听见了，苏珊第二天来的时候就被开除了。

这个故事告诉我们：吃亏是有风度的表现，什么事都斤斤计较非君子所为。苏珊最后被公司开除属于正常现象。

我们来看一个虚构的故事，但它的道理却是真实的。

三个人一起做生意，其中一个人欺骗了另外两个人，最后卷着钱跑了。被骗的甲逢人就说那个人如何的不好，最后越讲越上火，最终病倒在床。合伙人乙却很淡然地说："他可能比我们都需要钱吧。"他慢慢地把这件事忘记了，生活依旧很快乐。

乙的态度就是古训的写照——"吃亏是福"。郑板桥把"吃亏是福"提在匾额上警戒后人，这只是一念之间的事。郑板桥的思想来源于老子《道德经》里著名的一个论断："祸兮，福之所倚；福兮，祸之所伏。"

很多人不理解，吃亏只会让我们觉得痛苦，怎么可能是福气呢？凡事斤斤计较的人，最后受伤的还是他们自己，他们会一直被不吃亏束缚住，变得不快乐。而那些大智若愚的人，不会把思想局限在吃亏与否上面，他们的人生会在轻松愉悦下度过。

那些登峰造极的人，很早就明白，吃亏是福不是祸，做人大气一点儿，别锱铢必较，这样的人才会让人主动地亲近，想不成就事业都难。

对于这一点，某电视台高级销售经理人 Aaron 深有体会。

大学毕业以后，Aaron 在某电视台做初级广告销售代表，身为一名刚进这个行业的年轻人，Aaron 深刻地知道，自己应该主动一点儿，大气一点儿才有可能有所成就。他怀着"吃亏是福"的心态，去做了很多人不愿意做的事。例如，整理电话簿、打印资料，等等。在竞争这么强烈的情况下，看似 Aaron 是吃亏了，但是他却赢得了整个公司人的心，人人都称赞 Aaron 是个勤快的小伙子。

还有一次，台里有个比较棘手的销售政治类广告需要有人负责，想要做好这个任务，付出的要比别人多得多，还是没有业绩和提成的，没有人想去接这个烫手的山芋。最后台里找到 Aaron，本来他也想拒绝的，但是考虑再三，还是接下了。

同事们都松了一口气，感谢自己不用做那份工作，对 Aaron 也不由得增加了几分佩服和好感。Aaron 的朋友很不解地问他，为什么要接下这个任务。Aaron 说道："吃亏就是福嘛！"刚开始的时候，Aaron 心里也是没有数，但是凭着他认真工作的态度，最后终于把这个节目做得有声有色，还借此得到了一个提升的机会。

我们看上去，Aaron 是吃亏了，但正是因为他有这样的思想，才在公司上下获得了一致的好评。他所做的一切，大家都看在眼里。

古人云，抢来的东西，你永远都不会觉得满足，有时候的退让，是为了更好地接受我们所期盼的东西。这也就是"吃亏是福"的真谛了。不要什么事情都秉着不吃亏的心态，大气一点儿，超然一点儿，这也是一种学问、一种睿智。

当然，凡事都要有一个自己的度，吃亏亦如此，点到即可。在大体上不影响整个局势，也不能就知道牺牲自己的利益，更不能扔掉自己的底线，否则那就是祸，不是福。

平常心——面对生活坦然处之

我们时常可以听见别人对我们的祝福，而这些祝福往往又被万事如意、心想事成的字眼所代替。然而在实际生活中，这些字眼只能在祝福中出现。各种不顺心才是我们生活中经常见到的，在遇到这些问题的时候，我们要做的就是秉着一颗平常心去看待所有的问题。

鲁宾斯是一个很不错的画家，对世界总有着他自己的理解，他画的画不是对客观世界的复制，而是有思想有灵魂的主观意识。在做画的时候，鲁宾斯是享受的，他所画出来的是一个人的思想。可是很多人都无法理解画的含义，也没有多少人会去他的画室，那些充满激情的作品一直都堆放在那，鲁宾斯一开始还有一些忧愁，但是没过多久他就释然了。

鲁宾斯的生活并不富裕，可以说是清贫。他的一位朋友劝说他："别天天面对着画纸了，偶尔玩玩彩票也不错，也许一旦能成为富翁呢。"

鲁宾斯拗不过朋友几次三番的劝说，只好花了两卢比买了一张足彩，让人大吃一惊的是，鲁宾斯竟然中了50万卢布的大奖。

他的朋友前来恭喜他："你真幸运，我买了那么多年，从没有中过奖。你还在画画吗？"

"我现在就剩下画支票上的数字了！"鲁宾斯抽着烟笑道。

有钱是好事，它可以让鲁宾斯做自己想做的事。他买了一栋郊区别墅，花了一个星期装修成了自己喜欢的样子。鲁宾斯的生活品位也很高，他在家里铺上了高贵的地毯、维也纳的橱柜、弗洛伦萨的桌子和威尼斯的吊灯，还有唐人街买回来的瓷器。

鲁宾斯看着自己满意的新家，心情畅快无比，他打算邀请他的朋友来看看他的新家。他习惯性地把烟蒂往地上一扔，慢慢走下楼来。未燃尽的香烟点燃了地毯，30分钟之后，奢华的别墅变成了火蛇，撕毁了鲁宾斯所有的心血。

朋友闻讯赶来，劝说着鲁宾斯："鲁宾斯你就不要再难过了，事情已经发生了，忘记它吧。"

鲁宾斯的神色却是很平静，对朋友说："我损失的其实也只有两卢比罢了。"

美好的生活是每个人的梦想，可是在美好的梦想中，总会遇见一些不美好的事。事情既然没有办法改变，那我们为什么不试着改变一下自己呢，只要有了淡定的心态，就不会被不美好的事物所困扰。

古语讲随缘，有着"随缘不变，不变随缘"、"随缘，莫攀缘"等说法。它们的意思就是要告诉我们，凡事随缘而去、随缘而来，应该有着一颗平常心，不要让外界环境影响我们的生活。

寺庙里的草地上一片荒芜，小沙弥对师父说："我们在这地上种些草吧。"

老和尚说："等我有时间去买一些草籽，我们再来种吧，着什么急呢?!"

端午节的时候，老和尚终于把草籽买来了，并交给小沙弥说："撒上吧。"

小沙弥撒草籽的时候，却起风了。很多草籽都被吹得不知去向。小沙弥担心地大喊："师父师父，草籽都被风吹走了。"

老和尚说："别慌，吹走的都是些空的草籽壳，播种下去也不会发芽的。"

当小沙弥把草籽撒完的时候，又飞来了很多专吃饱满草籽的小鸟。小沙弥看见了，惊慌地说："师父，草籽都被小鸟吃没了，明年这地上什么都没有，我们的努力全白费了。"

老和尚说："随它吧，草籽那么多，小鸟吃不完的，明年这里一定会有小草的。"

夜里下起了大雨，小沙弥担心草籽不能入睡。第二天一大早，就跑去看草籽，发现草籽都没有了，他急忙大喊师父："完了完了，草籽都被大雨冲没了，这可怎么是好啊？"

师父不慌不忙地说："在哪里生根就在哪里发芽，随它去吧。"

没过多久，许多小草破土而出，就连一开始没有播种的地方都长出了很多的小草。小沙弥很是高兴地对师父说："师父，你看我种的草长出来了。"师父微笑着点点头说："万事皆有缘，你还会发现惊喜的。"

保持平常心，做事上，不骄不躁，不以物喜，不以己悲。生活上，大气一点儿、超然一点儿、洒脱一点儿，这更是人生的必修课。

古人云："宠辱不惊，看庭前花开花落；去留无意，望天外云卷云舒。"尽管我们所处的时代不同，但是我们的处事都是一样的，心中有些包容，多些淡然，少些计较，少些烦恼。这是成大事的最起码的心态。

下篇

格局决定结局

格局，是一个人成功的首要条件，做人如果没有大的格局，那结局也会差强人意。当你不懂得自己的目标，当你丢失了远见，当你不会布局人生，并且你还不懂得取舍，那么人生的格局就丢失了。

第七章　格局与目标
——格局决定目标高低

> 人生的第一件事就是要有目标，有了目标你的人生才会有奋
> 斗的动力。很多人觉得完成目标是一件很困难的事情，但是很多
> 人都不知道，我们其实可以把大目标分解成一个个的小目标。然
> 后逐个攻破，这样我们就会发现，成功其实很简单。

目标——以格局定目标，预计未来

阿诺·施瓦辛格出生在奥地利，他年少的时候，就给自己定下了三个目标：一是成为世界上最健美的人；二是成为著名的世界级的电影明星；三是成为富甲一方的大商人。1968 年，他只身一人来到美国打拼，当时的他不懂英语，有的只是 20 美元、沾满汗水的提包和他的梦想。

他多年来的打拼，唯一的动力就是他的梦想。没有学过专门表演的他，经过自己的努力终于在好莱坞占有一席之地，成为一个红极一时的硬汉明星、有实力的电影制片人、健美界的神话人物、颇有心理学造诣的商科学士、出名的畅销书作家以及总统的健康顾问。与此同时，他还是美国加州州长和政治家。

在影迷的眼里，施瓦辛格就是力量的代名词，就是美国精神的象征。如

今的施瓦辛格亦是大众文化的代表。

在清华大学演讲的时候，他对所有人说："坚持梦想，在未来的道路上，即使遇到失败和坎坷，也不要轻易放弃。我成为了健美冠军，我成为了电影明星，我当上了加州州长，这都源于我最初的梦想。"

施瓦辛格从一个连英语都不会说的人变成了如今的成功人士。这都是他自己一步一个脚印积累的。他凭借着自己的信念和梦想，去完成一个又一个目标，正是因为这样，施瓦辛格才创造出一个又一个的奇迹。

在施瓦辛格的身上，我们能看出：只要坚持我们的梦想，制定好我们的目标，成功就在向我们招手。

比尔·盖茨曾经指出，微软能有今天的成就，是因为能够及时看到未来的目标所决定的。着眼于未来不单单是微软的目标，更是微软以后的发展策略。

比尔·盖茨始终认为孩子就是未来，他以他独特的眼光发现，在某些程度上孩子们的想象会影响电脑软件技术的发展。因此比尔·盖茨举办了一场儿童征文大赛。

参加比赛的孩子年龄在 9 到 12 岁之间，题目很简单：你心中最想要的电脑是什么样的。为了让更多的孩子前来参加比赛，比尔·盖茨向孩子们承诺，写得好的文章，就会得到丰厚的礼物，还会和比尔·盖茨一起参加参观总部的活动，还有和比尔·盖茨合影留念的机会。

微软目标明确，这看似简单的比赛背后，隐藏了微软巨大的目标。这些参赛的孩子，在不久的将来就会成为电脑的使用者。他们对电脑的幻想，在一定程度上表示着未来电脑的走势，掌握住这些孩子的想法，对微软的将来会有很大的帮助。

活动结束后，一群十来岁的孩子，在微软的总部等待着他们心中的英雄——比尔·盖茨。他们头戴一顶带有微软标志的帽子，身边放着笔记本电脑。他们都是一群年轻的电脑迷，他们的文章极其精彩，他们很兴奋，因为他们被邀请来参观总部以及和比尔·盖茨合影留念。

从古至今，一个能着眼未来，把精力放在实现自己未来远大抱负的人，才是个聪明的人，在未来也会是一个有所成就的人。

哲学家爱默生说："一生向着自己目标前进的人，整个世界都会为他让路！"

做事——格局决定目标第一步

人的一生是由很多偶然和必然组合成的，通过偶然的机会某些人可能成为了大富翁，又通过偶然的机会，某些人可能从大富豪变成了穷光蛋。我们通常觉得，做大事的人一定是个大人物，其实不然，不管做大事还是做小事，不管是大人物还是小人物，首先接触到的都是小事。由此判定，做小事是成功的第一步。

通过做大事，可以检验出一个人的才能、智慧和他的品质。每件小事都做得漂亮的人，那大家对他的肯定也一定不会少。这是因为做小事所花费的精力和时间比做大事多得多，累积的经验也多，然而做大事的机会往往没有做小事的机会来得多，从而积累的经验就少很多。

当我们每天都有收获的时候，到最后你就会发现，自己的经验慢慢地积累起来了，你多了很多别人没有的东西。就像雷锋，他做的都是些小事，但是他并没有因为这是些小事而放弃，而是把每个小事都当成一个出发点，以做大事的心态去完成它，日积月累下来他的贡献所有人都看在眼里，他的伟大就在于他平凡。

每年的积累不如每季的积累，每季的积累不如每月的积累，每月的积累不如每天的积累。

可能单单的一件事会影响一个人的名誉，但是积少成多的话就会改变一个人的一生了。从农民到企业家，从士兵到将军，从小事到大事，这都是经过长年累月的积累得来的。

种什么树出什么果，一分耕耘一分收获，累积的过程是痛苦的但同样也是快乐的。

列文·虎克是农民出身，但是经过他不断地努力，现在已然成为了荷兰的科学家。他成功的因素就在于他从不忽略生活中的小事。初中毕业以后的他，在小镇上找到了一份保安的工作。这个岗位一干就干了60年，中间没有换过任何工作。

因为工作比较自由，列文·虎克就把打磨镜片当成自己的爱好。他每天不停地磨，周而复始，一磨就是60年。他的技术早已超过了那些专业的技师，他磨出的复合镜片的放大倍数，甚至比专业技师的倍数都要高，他用他的镜片发现了微生物的世界。仅有初中文化的他，因此名声大噪，英国女皇都亲自来拜会他，授予他巴黎科学院院士的头衔。

列文·虎克仔仔细细地把每一块玻璃磨好，他用尽一生心血来做的小事，使他看见了成功的光辉。

你希望成功就像走路那样简单。你是不是会时常想到："要是我是一个天资聪颖的人该多好。我会立马把我的恶习都改掉的。"

这种思维属于懒汉思维。你认为成功是有遗传因素在里面的，有自己的公式在里面。懒人们的想法是，天才都是不需要付出努力无师自通的，点拨一下就会很快地明白所有的东西。这种想法，是成功的最大敌人。

我们要明白，成功不是笔直的大路而是蜿蜒的山路。想要登上顶峰，就得先征服脚下的路，想要飞跃到山顶的想法，是不可取的。

财富——格局决定眼光与财富

所谓价值观是指，一个人对周围的客观事物（包括人、事、物）的意义、重要性的评价和看法。因此，一个人的眼光，决定了他的关键点和价值观。

一个人一旦形成了他自己的价值观，就会具有持久性和不变性。就像是，你对一个人的看法或对一件事的看法，一旦形成了固定的公式，那么就不会发生什么改变。但随着你自己的成长阅历的增加，你对所有的事物也会发生一些小的改变。也就是说，你的价值观一直在变化着。

在一次聚会上，一位商业奇才跟朋友谈论问题时，朋友都问他是怎么取得成功的。他并没有回答他们的问题，而是反问了朋友们一个问题："有个山头发现了一座金矿，接着就有大批大批的人来开采黄金，都希望自己以这样的方法一夜暴富。可是，现在有一条大河挡在了你去淘金的必经之路上，你会怎么做？"

他的朋友回答说："大不了换条道走呗，就是会浪费点儿时间。"

还有一位旁听者说："游过去吧。"

这位奇才，边笑边听。

他的朋友问他："要是你，你该怎么办啊？"

他回答说："我们可以开条运河，让那些淘金的人渡河。为什么非要淘金去？"

朋友们都很吃惊他的回答。

这位商业奇才接着说："那样的话，你会比他们变成富翁的速度都快。"

这就是商业奇才和其他人的区别。他看到的商机不单单是淘金一条路，还有这条阻挡了万人的河的价值。所以他成为了富翁而别人没有。

胡润在接受《南方周刊》采访的时候说："真正的财富是价值观。"

胡润还说，中国的多数企业家差不多是在一代人里完成财富积累的。1999年到2006年这七年里，民营经济越来越热门，也越来越成熟，在国外受到了热烈的追捧。他们出口国外，不参与国内战场，此时的民营企业的利润大幅度上涨，这个阶段也是中国民营经济发展最好的一个阶段。独到的眼光让他们投身于民营事业中，独到的价值观让民营公司的财富得到了快速的增值。

在问到一个企业生存的秘密是什么的时候，胡润这样回答："经过我的观察，想要成功有五要素。第一，要有独到的眼光；第二，要有胆子懂得取舍；第三，要有好的口才，去说服别人认可自己；第四，要是现实主义者，接受得了成功就接受得了失败；第五，要有好运气。"

胡润把这五个要素中的眼光放在第一位上。由此可见，一个人的眼光不单单决定了一个人的价值观，还决定了一个人的财富。

成功——目标越明确，成功越简单

宾尼是美国著名的企业家，他曾经说过："一个心中有目标的员工会成为创造历史的人；一个心中没有目标的员工只能是一个普通员工。"

其实成功的人他们都有一个明确的目标，还有一套实现目标的方案。一旦目标实现，他们就会着手下一个目标。

成功的人很清楚地知道，只要有了奋斗的目标，他们就会有前进的动力，就会取得不俗的成就。

李开复曾说过："每个员工在工作中都应制定切实可行的目标，并为该目标负责。如果达到目标，就可以接受公司的褒奖；如果没能完成目标，就应当接受相应的惩罚。在微软，员工在开发产品上都有一种永不知足的精神。他们总是觉得产品还有可改进的地方，不能只满足于'足够好'，而必须达到'非常好'，这也是微软能始终保持成功的原因之一……微软公司要求每一个部门、每一个员工都要有自己明确的目标，同时，这些目标必须是'SMART'的。"

"SMART"是什么呢？李开复自己解释道：S代表Specific，你的目标必须是清晰的、有特定范围的，M代表Measurable，所有员工的目标是可以经得起推敲的。

通过实践，我们得出：目标越明确，越容易成功。反之，目标越巨大，成功越困难。每一个成功的人都是明确了目标后才成功的，要想提高成功的几率，就要先确定自己的目标。目标没有大小之分，只有明确与否。小目标也能成就大事业。

　　一位探险者经过长途跋涉来到了撒哈拉大沙漠中的一个与世隔绝的小村庄。探险爱好者发现，这里的村民无法走出沙漠，有些人也试着走出沙漠，可是无论如何，他们也走不出去。

　　这个发现让探险爱好者很是感兴趣。探险爱好者带着骆驼和导游在一周后，成功地走出了沙漠，用同样的方法，他们又成功地回到了村子。

　　这个现象让探险爱好者很是奇怪，为什么村子里的人走不出去呢？为了弄清楚原因，探险爱好者这次没有指挥任何人而是跟着导游走了一个多星期的路程，最后还是回到了村子。

　　探险爱好者经过研究后，终于发现他们走不出去的原因是因为他们不会辨别方位。夹杂着沙漠里的尘土，看似他们走了很多路，实际上他们只是在凭感觉做圆周运动，导致他们永远都走不出这个圆。

　　这位探险家懂得在夜晚观看星相分辨方位，最终，在他的带领下，所有的人都走出了村庄。

　　在他们走出去之后，在村口放置了一块石碑：如果目标不明确，那么人生只能一直在做圆周运动，没有前进的方向。

　　1908 年，希尔在上学的同时还兼职一家杂志社的工作。由于他在工作中的突出表现，所以被公司领导看中，让他去采访"钢铁大王"安德鲁·卡耐基。卡耐基也很欣赏这个有思想并且积极向上的年轻人。他对希尔发出挑战："我要你用 20 年的时间，写出一部关于美国人成功的哲学，然后从中获得答案，除了会为你引荐这些成功人之外，在经济上我不会为你做出任何支持。你接受吗？"

卡耐基对希尔下的战书中，目标明确，就是研究美国人的成功学。在卡耐基的引荐下，希尔用了 20 年的时间，拜访了美国当时最富有的五百多位成功人士。20 年一晃而过，通过希尔自己的努力，他在 1928 年成功出版了《成功定律》。此书一发行就引起了全球轰动，推动很多人走上了功成名就的道路。

一个人要想成功，首先就要有明确的目标。 目标越明确，他离成功就越近。

向前——格局决定目标的远近

《浪淘沙九首》是唐代诗人刘禹锡所作，其中有这样一句："千淘万漉虽辛苦，吹尽狂沙始到金。"

我们的人生就像是在攀岩，目标就是山顶。或许山顶看起来很是遥远，只要我们盯住目标，一步一步地向上攀岩，最终还是会到达顶峰，实现我们的理想的。

你是否感觉到了生活中目标是那么遥不可及？你会在实现目标的过程中迷失自己，你也会在实现目标的过程突破自我。此时我们要记住的就是，不论目标怎样，只要我们盯住目标不放弃，目标就会实现。

居里夫人我们都非常熟悉了，她曾被誉为"镭的母亲"。

1891 年，她到巴黎继续深造获得了两个硕士学位。毕业后，她本来打算回国，报效祖国的，因为认识了年轻的法国物理学家皮埃尔·居里，而改变了她回国的计划。不久之后，他们就结婚了。

居里夫人对法国物理学家贝克勒尔的研究工作很是关注。继伦琴发现 x 射线后，贝克勒尔又发现了铀元素，铀元素可以自发地连续地向外放射辐射能量。

贝克勒尔发现的射线，让居里夫人非常感兴趣。经过调查，欧洲当时还没有人在这领域进行研究和深造。居里夫人就给自己制定了一个目标，想要在这个领域里闯一闯。

居里夫人多次向理化学校校长请求分给她一间做实验的屋子。最后校长终于同意让她在小屋里做实验，居里夫人为了自己的目标，不顾一切地去试验。

在那个简陋的小屋里，夫妻二人坚持不懈地突破重重难关，终于在 1898 年 7 月发现了一种新的元素，新的元素的放射性比铀高出 400 倍。他们为新的元素起名为"钋"。

居里夫人凭借着对目标的明确性，继续向放射性元素的研究方向前进。1898 年 12 月，居里夫人在丈夫的帮助下又发现了第二种放射性元素，新发现的元素比钋的放射线还要强。居里夫妇就把它命名为"镭"。

从 1898 年一直到 1902 年居里夫妇经过千锤百炼，终于在几十吨废矿渣中提炼出了 0.1 克的镭盐，还测出了他的原子质量为 225。

从此，微量元素镭诞生了！

居里夫妇用实际证明了镭元素的存在，让全世界都开始关注放射性现象。他们是"盯住目标，勇往直前"的典范。

有了明确的目标，就预示着成功的第一步已跨出，接下来我们要做的就是盯住目标不放弃，不怕困难、勇往直前。你会发现，成功离你只有一步之遥。

细化——格局让目标细化并实现

曾经有人举办过这样一个活动：把一群人分成三组，让他们步行到十公里以外的村庄去。

第一组，不告诉他们任何信息，只让他们跟着领队走。有些人跟着走了两三公里就开始浮躁了。他们有人在抱怨，有人在叫苦叫累；当走到一半的时候，还有极少的人没有抱怨过。他们不明白自己为什么要这么漫无目的地走下去。有的人放弃了，而剩下的人也越走越没意思，导致整个队伍的人都放弃了。

第二组，把村庄的地点、路程、名字都告诉他们了，但是没有导游，完全凭他们自己的经验和能力去走。走到一半的时候，有人问，他们走了多远了？有经验的人告诉他们，他们走了一半了，再坚持坚持就可以到达终点了。

虽然他们知道自己的路程有多远了，但是大家还是没有情绪，在走到四分之三的时候，大家到达情绪的低谷，但是在领队的带领下，还是到达了目的地。

第三组，把所有的信息都告诉了他们，而且有导游的带领，还有指示标牌。他们载歌载舞地走着，每走过一个指路牌，他们的内心就会多一份激动和喜悦。他们很轻松地到达了目的地。

这个故事告诉我们，人只要清楚地知道自己想要什么，并努力地去克服所有的问题，把问题细致化，就会很容易成功的。

有一部分人觉得目标是遥不可及的梦想，是因为他们看到的只是从出发点到目的地的距离，所以才会感觉是那么的遥不可及。但如果一步一个脚印地去走的话，目标离我们还是很近的。

哈佛大学曾经对大学生做过一个多年的追踪调查。

当一群天之骄子从哈佛大学毕业以后，他们首先要面临的是自己应该干什么。他们的各方面都差不多，甚至连家庭环境都很类似。在他们离开学校之前，学校给他们做了一下调查。他们之中，没有目标的人占了27%；没有明确目标的占60%；只有近期的明确目标的占10%；然而有清晰的长远目标的人只占了3%。

25年里，他们在为各自的生活忙碌着。25年之后，他们重新相聚在哈佛大学。学校又重新为他们做了一次离校后的测试，而现在还有27%的人没有目标，他们的生活过得很迷茫，根本不知道自己想要什么，只会天天抱怨社会，抱怨不公。

那些60%的没有明确目标的人，他们现在生活很是平静，没有任何风浪，但是也没有太多的成就，他们生活在社会的中下层。

那些10%的有近期目标的人，他们通过自己的努力，更加接近自己的目标，成为了专业领域的佼佼者，他们活在社会的中上层。

只有剩下的那些3%的有长远目标的人，在这25年里面，他们不断地向自己的目标奋斗，从未放弃过，当他们实现了自己当初的目标的时候，他们也成为了行业里的成功者了。

他们现在的差别只是在于：25年前，刚毕业的时候，每个人心中的目标。

当同学们知道了答案之后，都很是震惊，导致现在越来越多的人，把注意力放在了关注和研究目标对人的影响力。

目标对于我们就像是登山，要一步一步地走上去，把大目标分成很多的小目标，每当你完成一个小目标的时候，你就会有成就感和喜悦感。这种心理暗示会在潜意识里让你的自信心暴涨，促使你去实现下一个目标。

竞争——格局决定目标对手

在竞赛场地中，比拼速度的项目冠军的成绩往往与自己的对手有关，很多人都说："成功靠朋友，持续成功靠对手。"独木不成林，我们做事情往往需要朋友的帮助，但是真正的持续的成功确实是通过与对手的竞争实现的。竞争对手不是敌人，我们可以把他们看作参赛人员的陪练，陪练的水平高就能够带动选手的技术水平不断提高；陪练的水平低，人就会处于放松警惕的懈怠状态，很难有什么实质性的进展。

没有对手的生活，就像怎么吹也没有涟漪的"死海"，毫无生机与活力。没有对手的生活，也就失去了竞争的危机感和紧迫感。因此，我们在享受轻松愉悦的生活时，还是要打起精神，为自己找合适的竞争对手，在不冲突的情况下，双方团结互助，彼此依赖，重现自身的生机和活力。

日本的北海道海域生活着味道鲜美的鳗鱼。这种鱼味道鲜美，海边的渔民们，从中发现了商机，靠捕捞鳗鱼维持自己的日常生活。但是鳗鱼有自己独特的生活习性，离开海水用不了半天它们就会全部死亡。死后的鳗鱼也可以出售，但是因为味道比新鲜的活鳗鱼差了不是一星半点儿，因此卖不了好价钱。于是，许多渔民都争取在捕捞鳗鱼之后的最短的时间内将其卖出，这样可以保障利益最大化，只不过他们的各种努力收效甚微。渔民们对此也很无奈，只能继续过着平淡的捕鱼生活。

　　奇怪的是在一个渔村里，有一位老渔民因为能够让鳗鱼离开海水之后长时间保持活蹦乱跳，而获得了大量财富，并因此成为远近闻名的富翁。附近的渔民们都很羡慕老渔民的成就，但是与此同时他们也很纳闷，不明白老渔民是怎样保持鳗鱼鲜活的。

　　老渔民去世了，他把秘诀传授给了自己的儿子。其实，这个秘诀如此简单，只不过是在整仓的鳗鱼中放进几条鳗鱼的"死对头"——狗鱼。鳗鱼在船舱中遇到死对头，会群起而攻之，整个船舱死气沉沉的气氛也会因此被激活。有了死对头，鳗鱼不仅没有更快死亡，反而激发了其生存的活力，死亡率也就大大减少了。

　　这个故事告诉我们有了对手，才会有危机感，继而才能获得竞争力。强大的对手比平庸的队友更值得尊敬，他们往往能激发我们"狭路相逢勇者胜"的勇气，对手可以最充分地调动我们的激情，激发我们的精神和斗志。只有竞争才会让人更加强大。

　　社会生活环境同自然界一样，每一个生命有了对手之后才会获得充分的激情，生存的目标使我们不懈奋斗，强健体魄，锻造精神。所谓"居安思危"，就是提醒我们不要因为一时的安逸而忘记竞争，没有竞争的对手，就会失去奋力对抗的激情。

　　因此，想要成为社会精英，就去给自己寻找一个强大的对手。让对手给你调动全部的精力巨大的压力，用饱满的激情和热情投入工作中。过不了多久，你就会发现，自己变得更加强大，能力也得到了提升，它们甚至悄无声息地发生在你竭尽全力地和对手竞争的过程。

曾经有一家日化公司，为自己设定目标——"成为当地日化品牌的老二"，以此找到了竞争对手，激励了自己的成功。

21世纪初，日化行业的竞争日趋激烈，这家日化公司在所在地的各个路口悬挂了大幅红色广告牌，"××日化公司，争创本市日化行业第二品牌"。这一广告似乎很荒谬，但却给人们留下了深刻的印象：它虽然还不是第一品牌，但是已经十分强大。这是一场非常成功的营销，当地人们都记住了该公司是本市日化行业的第二品牌。

本质上，这家日化公司只是在向市民们宣布自己将会越来越强，越来越好，而不是通过广告贬低自己。

为自己选择一个强大的对手，然后想尽一切办法超越。全身心投入竞争的过程也就是我们的能力不断提升、潜力不断发挥的过程。

每一个成功人士都会为自己找一个强大的对手，一来可以凸显自己的实力，二来则是为了给自己创造良好的竞争氛围。今天，提及可口可乐，我们一定会想到百事可乐，提及宝马汽车，我们一定不会忘记奔驰，我们坚信每一家麦当劳的附近一定有一家肯德基。虽然竞争难免会让对手产生一定的威胁性，但是，竞争对手的存在可以督促我们不断进步，不断完善自我，及时改正自己的缺点和不足，从而让自己变得更强更大。因此，热爱竞争吧，为自己找一个强大的对手，投入全身心的竞争，帮助自己走向成功。

第八章　格局与远见

——格局决定目光长短

> 我们的未来是由我们自己决定的，然而，决定人生的因素是
> 什么呢？很多人都不是特别的清楚，其实，答案是显而易见的。
> 那就是我们的眼界，只要眼界开阔了，我们的见识就多了，见识
> 多了累积的经验就多了，有了经验还有什么事办不好呢？

眼光——格局决定眼光和门路

胡润虽是英国人，但却是最喜欢替中国的富豪们"数钱"的人。他在
2004 年曾想把"数钱"变成"花钱"。在他详细调查了之后，他举办了一个
"富豪之选——2004 中国千万富翁品牌倾向调查"的会议。虽说参与的人并不
是很多，他们的权威性也不是很大，但还是给胡润提供了很多中国富翁喜欢
的品牌。

胡润是这样说的，这次我们调查对象的资产都是在千万元以上。在这些
人中，39%的人资产在亿元以上。他们以生活中的细节，手机、服饰、汽车、
私人理财等为调查内容。调查的结果中：宾利、宝马、香格里拉、劳力士、
诺基亚等多个名牌荣誉上榜。

细心的人发现，胡润的"百富榜"上的产品和这次调查有着微妙的关系。

高尔夫球场的优胜者"观澜湖"就是"胡润2004百富榜"的冠名商;而"宾利"就是"胡润2004强势榜"的冠名赞助商。

由此我们得出一个结论,只要眼光独到,没有赚不到的钱,没有创造不出的财富。

温州人会做生意,是众而周知的。他们为什么能赚很多钱,是因为他们能看到赚钱的关键点。

有个姓朱的温州老板,他从一无所有变成了资产上亿,由此证明了,温州人很有赚钱的眼光。

一开始,朱老板家里很穷。他又是家里的长子,他下面还有两个妹妹。为了能使两个妹妹上学,他很早就退学出去打工。他刚出来打工的时候,连件能拿出手的衣服都没有。走在繁华的大街上,他也想赚大钱,看见那些身着光鲜亮丽服饰的有钱人的时候,他也眼睛放光。关键是自己没有本钱,该怎么办呢?他想去外面走走会不会有什么好的门路呢?让人意想不到的是,他这一出门还真看到了赚钱的门路。

城里人都活得非常讲究,每天在家都得打扫好几遍卫生。朱老板发现,在拖地的时候,如果把抹布变成棉质的拖把,不是方便很多吗?制作棉质拖布的过程也是很方便的。说干就干,他立马开始去找做拖把的材料。直到后来他在一家大型棉纺厂的垃圾堆中找到了很多废弃的棉布条。他立即把这些废棉条拿回家去了,简单地制作后,变成了各式各样的拖把。因为成本低,制作简单。他把这些拖把以每把两块钱的价钱卖出。找到这个赚钱的方法后,朱老板就从这里起家了。经过一年的奋斗,他有了第一桶金五百多元。

有了人生的第一桶金之后,他觉得光是一些简单的拖布只能赚些小钱,要想赚大钱还得有其他方法。经过深思熟虑,他还是觉得通过废品收购站这条路比较好。紧接着他就改变了方针，不单单只是生产拖布，他从别的地方借了点儿钱，然后买了一台缝纫机。此后凡是大一点儿的布料他就制作成童装，小一点的就继续做拖布。经过半年的努力，他赚了五千多块钱。

得到了甜头后，朱老板更加肯定了自己的做法。他看到地毯市场很是风靡，紧接着，他又特意跑到上海、杭州等地的大型棉纺厂收购大批的角料。这些角料运回来后，经过精心的挑选，大的布料还是做成童装，但是那些小的却不再做成拖布，而是经过加工编织成多种多样的地毯和挂毯。

这样的话，童装的成本就大大地减少，再加上各种各样的费用，成本也就在三四块钱，却以十块以上的价格卖出并且销量很好。而剩下的那些边角余料则用于地毯的编制，不光色彩鲜艳而且结实缜密，产品销往全国，深受大家的喜爱。

朱老板用这种方法，赚了不少钱，由此来看，赚钱的门路也自然而然地多起来了。他马上加大投资，扩大生产，还把自己的事业发展到了餐饮业。经过一年的历练，朱老板又进军家电业。那个时候，家电业属于新兴产业，朱老板通过自己的方法，进了很多日本原装件产品。没过多久，朱老板成了亿万富翁。

赚钱的方法有很多，其实我们没有必要都随波逐流，条条大路通罗马，只要你眼光独到，有自己的想法，总会看见赚钱的机会的。

远见——超人的远见决定财富

财富是伴随着人类一起成长起来的。财富只有两种：一种是物质财富，一种是精神财富。物质财富是我们生存的基础，而精神财富是我们所追求的。常言道："君子爱财，取之有道。"一些人目光短浅，掉进了"钱眼"里，到最后钱没得到，力气还没少出。要创造财富，要赚大钱，就要把眼光放远一点儿。知道自己的目标在哪，该怎么去实现；看好时机，把目光放得长远一点儿，不要只看眼前的利益。

比尔·盖茨在 1973 年夏天，以全国资优学生的身份入学哈佛一年级。他在那里和保罗住一层。保罗现在是微软公司总裁。上学的时候，电脑对他的诱惑没有丝毫的减弱，他经常逃课在电脑实验室里玩儿游戏、编程序。

1975 年的冬天，盖茨和保罗从 MITS 的 Altair 机器中得到了灵感，看见了电脑行业未来的发展和商机。他们紧接着就给 MITS 创办人罗伯茨打电话，说可以为 MITS 公司提供一套 BASIC 编译器。罗伯茨对他们说："不管是谁只要先编完程序，这份工作就是谁的。"当他们回到哈佛之后，整整八个月，两个人一直在盖茨的寝室里，编写、调制程序。几个月的不分昼夜的努力，终于成功创造出了世界上第一台微型计算机——MITS Altair 的 BASIC 编程语言。MITS 对他们很是满意。

过了三个月之后，盖茨突然意识到，现在计算机发展得太迅速了。或许等到他大学毕业的时候，他就错失这个机会了。经过深思熟虑，他在哈佛三年级的时候退学了。他坚信以后计算机将是每个公司、每个家庭不可缺少的东西。盖茨为了这个信念，开始为个人计算机开发软件。

在盖茨 19 岁的时候，他和保罗两个人在 MITS 公司所在地新墨西哥州阿尔布奇市创建了微软公司。1977 年，Appel、Commodore 和 Radio Shack 进入个人电脑市场。早期的个人电脑中 BASIC 是最重要的软件，微软当时就已经开始给各个商家提供 BASIC 了。盖茨曾说过："在微软初创的前三年，其他的专业人员大多致力于技术工作，而我则负责销售、财务和营销计划……我每把 BASIC 卖给一家公司，就多一份信心。"他们以走量的方式，让 BASIC 成为电脑产业的软件标准。1979 年，盖茨将公司搬到西雅图。此时基本上所有的个人电脑制造商都会用微软授权的软件。

慢慢地 Apple 和 IBM 都试着开发自己的软件，来摆脱对微软的依赖。两大公司联手，让盖茨压力瞬增，因此盖茨定了一个策略：把目光放长远一点儿，看准一点儿，一个也不放过；而对于竞争对手，要么买下它，要么把它消灭。实在不行了，干脆放弃。于是盖茨把目光转移到多媒体上。

盖茨说过："我们要感到危险已经逼近，开发和研制工作必须争分夺秒！谁控制了多媒体电脑，谁就可以通过全球上亿台个人电脑实行软件控制。""我们的目标就是必须争创多媒体产品的行业标准！这个目标我们志在必得！"

我们都明白，赚钱是一个漫长的过程，能一夜之间成为富翁的毕竟是少数。我们要做的是脚踏实地，把目光放得远一些，用自己过人的智慧，加上永不放弃的信念，才能最终获得成功。

弯路——远见可以让人生少走弯路

何为远见？曰：远大的眼光，高明的见识。喜欢下棋的人都知道，都理解这个道理。因此，有远见才能少走弯路，能少走弯路自然就能较快地成功，这样的人生格局才会完美。

为了眼前的小利而放弃布置人生格局的人，必然是个没有远见的人，这也正说明，他不会充实他的人生。

大千世界中，每个人的命运都是不同的，不同的命运，有着不同的格局。一个会布置人生格局的人，必然是一个能左右命运的人。

自己的人生需要自己去布置。一个人的命运是由他的人生格局来决定的。很多人成功，是因为他们从小就开始构建自己的未来。他们有梦想、有目标、有远见，他们用他们的心来布置他们的大格局。所谓大格局就是要有远大的目标，以长远的眼光看待自己的人生。我们要知道，眼光决定格局。

刘邦入关后，在张良等人的劝谏下，还军灞上，以待项羽等各路起义军。在此期间，刘邦还实施了一系列极有远见的政治措施。刘邦召集所有的父老乡亲对他们说："你们在苛酷的秦法之下生活，痛苦很久了。秦法规定，如果人民有诽谤朝廷的，就灭九族；人民在一起说话，就是犯弃市死罪。我和诸侯有约，先入关的，就是关中之王。如今我现在就是王。今天我要和各位约法三章：杀人的，死；伤人的，抵罪；偷盗的，抵罪。所有秦法，全部作废。官员职位不动。"老百姓听了约法三章都很高兴，争先恐后地拿出酒肉宴请义军。刘邦不肯接受食物，乡亲们更高兴了，就怕刘邦不做这的王。这些做法，让他深得民心，为他日后的管理，并以此做根据地与项羽争雄天下，奠定了良好的基础。

身为一个领导，就应该像刘邦一样，不仅要掌握得住事态的发展，还要有预见性。每件事情都是多变的，我们要做的就是根据它的变化，做出正确的决策。这样才能成就像刘邦一样的人生大格局。

没有远见的人，注定他以后的人生都是没有色彩的。每个成功的人都要为自己的未来做打算，都要有一个满意的格局。格局就像是棋盘，每走一步都要深思熟虑，是输是赢就要看你的格局布置得是否恰当，要看你的眼光是不是看得更远。

我们要凭借自己的远见，规划好人生的格局。只有为自己布置下精彩的格局，我们的人生才会变得丰富多彩。

视域——站得高才能看得远

我们来看一个故事。

有一个小山村，村长在病危前把村子里最优秀的三个年轻人叫到身边，对他们说："我快要离开了，但是我还有件事想让你们帮我完成。你们是村里最聪明、最健壮的人。我想让你们用最快的速度，爬到对面那座神圣的大山上。你们要尽量爬到山顶，回来后告诉我你们看见了什么。"

　　过了三天，第一个年轻人回来了，他面带微笑，身上没有任何损伤。他走到村长面前说："村长，我看见了鲜花、小鸟、泉水，那真是一个美丽而神圣的地方。"老村长笑笑说："孩子，那条路的确很美丽，但那不是山顶，那条路我也曾经走过。你先回家休息吧。"

　　一周后，第二个年轻人也回来了，只见他疲惫不堪，来到老村长床边说："那里有参天的松树，凶猛的秃鹰，村长，那真是一个神仙居住的地方啊！"

　　老村长笑着对他说："孩子，那里我曾经去过，可那不是山顶，辛苦你了，快回家休息吧。"

　　第三个年轻人还没有回来，此时已过去一月之久，所有人都开始为他担忧，是不是出什么意外了？他怎么还没有回来？就在大家猜测纷纷的时候，第三个年轻人，面容惨淡、衣不蔽体地走到老村长面前说："村长，我才回来，让您失望了。但是，我想我是到达了真正的山顶，沿路我看见了美丽的花海，尝过甘甜的泉水，还有那凶猛的秃鹰和参天的松树，可是我没有停下，我仍然向上爬着，最后，我看到的只有蓝色的天，和呼啸的山风。那里或许就是山顶了吧。"

　　村长把他拉到床边问道："再没有别的了吗？连只鸟都没有吗？""没有，那里很高，站在那里让我发现我是那么的渺小。"村长激动地对第三个人说："孩子，那个地方我也去过，那里才是真正的山顶。我年轻的时候从那里回来后，才当上了村长。我们的传统就是这样的，现在起你就是我们的村长了，孩子，你现在可以好好地回家休息了，祝福你！"

　　何为英雄？是能用行动去证明自己的奋斗，能够看得到广阔的天空和自己的渺小的人。

　　想要有大的成就，就要有勇登高峰的气魄，高度决定了视野，站得高才能看得远。站到高处的人不少，然而真的愿意为自己的目标奋斗的人却少之又少。我们羡慕那些成功者的意气风发，可是他们的努力，我们何曾想过。

俗话说得好：站得高才能望得远，高度决定着我们的眼光。只有我们站在世界的顶峰，去开阔我们的眼界，去了解我们从未了解过的东西，不断升华我们的思想，我们才会生活得精彩，我们的未来才会更加丰满。

收获——只有付出了才能有回报

一分耕耘一分收获，想要成功就得先学会付出。付出过什么，你就会得到什么，这是亘古不变的真理。

战国的时候，孟尝君是齐国以养士出名的相国。他待人真诚，因此感动了冯谖，这个有学识却落魄不已的人才。冯谖在受到孟尝君的礼遇后，下定决心为其效力。有一次孟尝君派人去薛邑讨债，问有谁愿意去？冯谖答道，我去，但是不知道要用钱买什么？孟尝君说："买些我们家没有的吧！"冯谖走后，到了薛邑，看见民不聊生的景象后，召集大家说明来意，村民纷纷说出怨言。冯谖马上又说："孟尝君知道大家生活不易，让我告诉大家以后都不用还债了，在这里我把大家的欠条一律烧毁。"说罢就把所有的欠条扔进火堆里了。大家从未想到孟尝君能如此待人，心中感激涕零。回去后，孟尝君问冯谖钱呢？冯谖把来龙去脉说给孟尝君听后，孟尝君还有些不高兴。冯谖说道："家里没有的东西我已经为您买来了，您为何还不高兴？如今您得到的'义'、得到的民心，难道不比那些债券值钱吗？"

几年后，孟尝君被人诬陷，相国不保，只好回到自己的封地去，薛邑的村民听到孟尝君要回来后，全都热烈欢迎他，表态自己会永远跟随孟尝君。此时的孟尝君才体会到冯谖所说的"市义"。

这就叫"好予者，必多取"，小的付出可以换来大的收获。

想要有长远的发展，要先学会付出。如果我们的所作所为不但能满足我们自己，还可以帮助其他人，那种心情再美妙不过了。就像雨果的著作《悲惨世界》拍摄的音乐片，我们被里面冉·阿让的故事感动不已，其实我们每天都应该三省吾身，想想我们到底可以为别人做些什么，别天天只想我会得到什么。

很多人除了一味地索求，什么都不会，而且永远都不会满足。可是当你懂得付出的时候，你的人生就不会再那么单调。有一对夫妻感情不和，妻子说丈夫不体贴，丈夫说妻子不温柔。他们之间都是在等对方先表示尊重。但是，如果你想要维持你与身边人的关系，那你就要先学会付出，如果你想等对方先表示，那么这场戏就唱不下去了。

两个人的感情就像种果树一样，如果没有你先前的照顾，又怎么会有满树的果实呢？种水果都是如此，更何况是我们的人生呢？

无论你身处什么样的地位、有多大的产业，假如你还是只为了自己着想，那你不是成功的，这样的成功只会让你觉得高处不胜寒。

成功是每个人的梦想，如果有一天，你的梦成真了，那么你只需要把这个当成你人生的一个旅程，当成窗外的风景。

角度——换个角度才能开阔视野

我们都知道，驴拉磨都是把眼睛蒙上的，驴子以为它走了很远，但其实它一直都在原地打转。

人有时候就和拉磨的驴子一样，他们不把遮眼布拿走，也不想睁眼去看，他们只会做自己熟悉的东西，眼光渐渐变得狭隘，失去了自己的判断力。

新的航天飞机在要发射的时候，工作组突然发现有一个零件会让推进器发生故障。技术人员肯定不会让航天飞机带着问题进入太空的。他们日思夜想该怎么处理这个问题，以至于新的航天飞机也一直没有发射上天。

时间流逝，但是事情却没有任何进展。有一天，一个负责改造这个零件的技术人员因为阑尾炎被送进了医院，医生的意思是让他切除阑尾，在他本人同意下，医生对他进行了手术。术后躺在病床上的他，脑子里想的还是该如何处理那个小小的零件。他突然想到，为什么不能像切除阑尾一样，拿掉哪个零件呢？他把他的想法告诉了工作组，经过讨论后，整个工作组都认为这是一个无用的零件，只要"摘除"就行了。

两天后，新的航天飞机顺利发射升空了。

有些时候，我们会被某些东西遮住眼睛，假设我们置之不理的话，我们只会离成功越来越远。

只有我们拥有了无限的眼界后，我们的世界才会更加地宽阔，在这个繁杂的世界，才会有一席之地。

蒙着眼我们就是拉磨的驴子，安逸地活在自我满足的生活里。

眼光宽阔的人，对待人生都是用一种积极乐观的心态；而一个眼光狭隘的人，则是用悲观的心态来面对人生。

如今的社会，只有开阔自己的眼界，才能少犯错误，少犯错误了你就不会有遗憾，没有遗憾你就不会有烦恼。没有让你不愉快的东西，你的人生难道不是成功的吗？

利益——急功近利永远没有大格局

鲁迅说过：地上本没有路，走的人多了，也便成了路。对于第一个吃螃蟹的人，第一个敢于跨出第一步的人，我们都抱有尊敬的心态。这是因为，这样的人走的每一步，都会踏在成功的脉搏上。一步一步地走下去，他们最后肯定会成功的。

贪图眼前的成就和利益，不为长远打算的都称为急功近利。

古人云：欲速则不达。怀有急功近利的心态就是成功道路上的一大失误。急功近利的人大多数都是只看到了眼前的利益，他们不会为了长远做打算，这是这类人的通病。为了眼前的得失而放弃以后的利益，这其实是得不偿失的。

丰田公司在 1950 年面临着破产的危机。工业公司和销售公司发生分离。就在此时爆发的朝鲜战争却让丰田起死回生，美军大量的卡车订单使丰田公司有了新的希望。可是事情并非那么简单。工业和销售分离的体制已经形成，英二知道就算自己在这个时候提出合并也是不可行的。

英二在确定以后的发展方向的时候，并没有盲目地进行决策，而是经过深思熟虑并考察了各方面条件后，才下决定。他觉得在条件不成熟的情况下，就算是勉强行事也必然是失败的，然而他现在能做的就只有耐心等待。

直到 20 世纪 80 年代初，丰田终于结束了 32 年的产销分离，并形成了全新的丰田公司，由此证明英二的决定是正确的，他也因此获得了丰厚的回报。

就丰田处理去美国建厂的事情上，英二也是本着高瞻远瞩的心态。丰田是继本田、日产，第三个进军美国市场的。有不少人抱怨为时太晚了。丰田英二和丰田章一郎两人同时回答道："我们在耐心等待，我们的行动并没有落后。"他们采取的步步为营的战术，使丰田公司成功打入美国汽车公司。

成功者与失败者唯一的区别就在于他们是否有足够的耐心等待适宜的时机。

人生的梦想，只要你勇于向前，敢于相信，拿出坚持到底的信念，梦想就会实现。

行动——远见要通过行动去检验

在这飞速发展的社会下，企业对全方位人才的需求也是日益增加。如今的大学生到底是不是人才，主要是看自己站在一个什么样的角度上去看待如今的社会，自己是不是真的能被社会认可。

如今大学生的通病就是眼高手低，刚刚进入社会的他们，大多数都是嘴上功夫，实践的能力远远比不上自己的理论。他们认为一纸文凭走遍天下，坐办公室都是正常的事情。然而，如今这个社会，企业更在乎的是你的动手能力。文凭只能说明你的学习能力很强，可是进入企业后的去留，看的还是你的实际操作和处事能力。就算你的理论学得再好，却运用不到实践上，那也是没用的，我们要做的不是纸上谈兵而是真刀真枪的实战。

所以，现在企业在招聘的时候，看的往往不是你的文凭有多高，而是看你能不能为企业带来丰厚利润。一个真正的人才，是会学以致用，用能力说话的。

现在还有一部分大学生，因为吃不了苦而放弃了很多机会。这也是造成现在大学生"高不成，低不就"的一个主要原因。其实，你现在更应该做的是脚踏实地地走好每一步，当机会来临的时候，就是你发出耀眼光芒的时候。

赵乙峰在战友们眼里是个不简单的人物。入伍才两年的他就当上了第二炮兵后勤部某综合仓库检修班班长，而且钣、焊、铣、钳、车、磨、钻等多工种操作技术完全不在话下。在十年内，"电工中级"、"焊工六级"、"钳工五级"、"车工五级"等证书他都已经拿到手了。

他不单单是"优秀操作手"、"技术尖兵"，他还是单位的"专家级"技术革新能手，并进入了第二炮兵优秀士官人才方阵。

然而，熟悉他的人都知道，他不是很聪明，而且只有初中文凭。赵乙峰刚刚到检修班的时候，他觉得在那工作没前途，并不想在那干。他是在老所长的开导下，才安心工作的。然而他是个不满足于现状的人，在这期间，他早已把《钣焊工》、《金属材料与加工》、《电子理论基础》等专业书籍钻研透彻。

为了能掌握好检修上的技术，他自己找来不用的焊枪等废弃的机器，反复练习。为了能够更加准确地掌握技巧，他常常把砖头绑在手臂上，认真练习。累的时候甚至连碗都拿不起来。然而他并没有放弃，还是毅然决然地练习着，终于靠着坚持不懈的韧劲，成为了多面手。航天科技总公司某厂刊上有他发表的《车床电路常见事故与维修》等三篇论文。他还和专家一起编写了《车床电路常见故障与维修》一书。

赵乙峰当上了"优秀操作手"后，并不满足，又把目光转移到技术创新上。单位仓库的老桁车是20世纪70年代末安装的，还是有线操作，在库房操作起来很不方便，一不留神控制电缆就会与钢丝绳、货架发生缠绕、碰撞，降低了工作效率。赵乙峰要解决掉这个麻烦。为了能快点解决这个麻烦，他不断地查找资料，请教专家，制定了几十种方案，经历了无数次的失败后，终于拿下了一个又一个的难关。当大型桁车变成了可以用遥控器操纵的机器时，是赵乙峰最开心的时候。电子专家惊叹道："一名战士能够完成这样高水平的技术革新，真不简单！"

真正的贤人，不会眼高手低，他们不单单站得高，更重要的是，他们会用自己的双手去实践，我们要做的就是这种眼高手也高的人。

态度——没有态度就没有远见

很多人常常把工作说成是"养家糊口"，他们对于生活的态度也只是吃饱穿暖，而成功、事业对他们来说是从未有过的梦想。假如一个人一生都抱有这样的想法生活的话，那他的一生会是多么的苍白。就算他有超越常人的智商，但就因为这种想法一直飘荡在他的脑海中，他也注定一事无成。

我们来看这样一个故事。

上帝变作有钱人来到乞丐的面前想帮助他改变现在的命运。

他对乞丐说："我现在给你1000元，你会怎么支配它？"

乞丐回答说："我可以买一部手机。"

上帝不解地问："要手机干嘛？"

乞丐回答道："有了它我就知道哪个地方人多，我就可以去那要饭了。"

上帝叹了口气，又问："要是10万呢？"

乞丐说："那我可以买辆车，开车可比走着快很多。"

上帝感到很悲哀，再问道："100万呢？"

乞丐听完，眼睛放光地说："那样我就可以买下这里最繁华的地段！"

上帝听完略感欣慰，可是乞丐接下来的话让上帝觉得他已经无药可救了，乞丐说道："我会把这里所有的乞丐都赶走，这样这里就只有我自己了，再也没有人和我抢了。"

上帝听完，长叹一声，黯然离去。

生活的态度决定着成就的大小。志在千里的人不会把追求停留在吃饱穿暖上，而一个没有志向的人，只会为了养家糊口而奔波。潜意识中没有变成富翁的信念，就永远不会有财富。

胸怀大志的人，不会仅仅满足于吃饱穿暖上。他们明白，他们不是为了吃饭而活着，他们是为了自己的追求而活着。当一个人心中充满潜伏的欲望的时候，那就是他越来越接近目标的时候。

　　钱辉从小就非常喜欢拉小提琴。为了在法国的生活，他不得不和其他流浪艺人一样利用自己的一技之长来赚取生活费。人们为了赚更多的钱，常常选择一些人流较多的地方。

　　钱辉认识了一名吉卜赛琴手，两人都同时在一家银行的门口卖艺。银行处于繁华地段，人来人往，两个人每天也都会有一些收入。

　　几个月之后，钱辉靠着卖艺存下了一笔钱，靠着这笔钱，他选择了一家音乐学院去进修。

　　紧接着，他就和这个吉卜赛琴手道别了。钱辉在学校努力地学习，取得很大的进步。他还利用学校这一平台，认识了很多知名的音乐人和技艺高超的人。虽然他再没有时间去拉琴赚钱了，生活过得很清苦，但是他从来没有后悔过。

　　十年后的一天，钱辉偶然路过自己以前卖艺的那家银行前，看见自己的老朋友还在那卖艺，他苍老了好多，值得高兴的是，他精神还是很好的，脸上洋溢着幸福满足的表情。钱辉走过去和老友打招呼，吉卜赛琴手看见了昔日的朋友也很是开心，忙问他："现在过得怎么样？在哪拉琴呢？"钱辉告诉了他一个很有名气的音乐厅。老友问道："那人多吗，收入怎么样？"钱辉含糊其辞地说道："还行，生意不错。"钱辉没有告诉吉卜赛琴手，如今的他早已成为音乐厅的座上宾。

　　短短十年的时间里，两个人却发生了翻天覆地的变化。两个人还是都在拉琴，此时两个人的目的却完全不同，吉卜赛人是为了吃饭而拼命保住那块地方，而钱辉不愿意成为一个只为吃饭而吃饭的人，他们的结局也就大不相同了。

　　爱默生曾经说过："哲学家论人之伟大在于寡欲，但是，一间茅舍、一把炒豆，真的能教人对自己满意吗?"对于生活我们的确不能有太多的贪欲，但是没有贪欲却并不代表着没有目标，没有欲望。我们不能成为只为吃饭而生活的人，我们要拿到生活的主导权，我们要让我们的人生变得丰富多彩。

眼界——格局决定高度，高度决定见识

站得高，望得远，一个人的眼界决定这个人对世界的认知，决定了他的胸怀和远大的志向，同时也决定了他的命运。人的一生处于什么样的状态，是由他的视野，他所站的高度，和境界来决定的。对事物的感受让我们有了情感，此时情感决定了我们对事物的认知，认知的结果则来源于我们思想的高度。

王之涣写过"欲穷千里目，更上一层楼"的千古名句。他想告诉我们的是，只有站得高，才能够看见别人看不见的美丽风景。

赵亮毕业后，通过选拔进入了一家很不错的设计公司。在这之前也有几家和这家差不多的公司向他发出了邀请函，但最后赵亮还是认为，大公司在更多方面都要比小公司全面。而且，消费者大多数也是比较认可大公司的。再三考虑后，赵亮还是选择在大公司实现自己的抱负。

经过一年的时间，赵亮的设计水平已经有了很大的提高，这正如他当初所想的那样。

赵亮的业务做得越来越好，可是公司的制度却让他越来越不理解。他拿着的是公司最底层的工资，可是，做的工作却和老员工一样多，这让他心里

觉得很不公平，同样的付出为什么得不到同样的待遇？更何况，现在每个新的项目都是老员工给他一个大框让他自己往里面添加内容。最后，老员工只需要选择一个，提提意见。可是最后到了经理那儿，被表扬说有眼光的往往是那些什么都没做的老员工。赵亮的心理越来越不平衡，以至于最后不得不辞职。

　　工作和工资不成正比，自己的功劳还被别人霸占。这么多的不公平为什么我们还要努力地工作呢？赵亮的这种想法，也是大多数人的想法。然而，工资只是一种给予工作的报酬。我们不能把所有的精力都放在工资上，我们要调整自己的眼光，调整自己所站的高度，我们的眼界中看到的不应该仅仅是那微薄的工资，更多的是除工资之外的东西。

　　有的人为图简单，敷衍了事，用这样的方式来发泄对公司的不满。其实他们不懂，他们这样做是在打消自己的积极性，减弱自己对工作的激情。就算他们日后想重新爱上自己的工作，那都是很困难的。

　　我们的工资会随着我们的努力不断地改变。假设我们每个人都很努力地工作，为此，公司的效益越来越好，大家的工资还会是原来的那些吗？假设你工作得很努力，在公司的地位越来越重要，你所做的一切老板都会看在眼里。到时候你还会拿着那微薄的工资吗？

　　同样，我们在一个公司待得久了，就可以建立起自己的人际关系，这也是积累无形资产的一种方式，这些都是不可用金钱去衡量的。

　　你所在位置的高低决定了你视野的开阔面积，视野的开阔又决定了你对世界的认知，同样也就是你的境界，然而，你的境界又决定着你的胸怀和远大的抱负。怎样才能让自己做到"一览众山小"？如果你一直用你的角度去看问题的话，你一辈子也不会有任何成就，你看到的只有自己脚下的石头而已。

古人说的更上一层楼，那是人生的一种境界。我们只有不断地去攀爬更高的山峰，才能让自己站得更高，看得更远，视野才会变得更加开阔，才能看见最美的风景。

假设，你是站在世界的高度来审视自己，来看待自己的一切，那么你就会很自然地融入世间万物当中。因为此时的你，早已有了洞察一切、包容一切的能力。更加宽阔的视野给予了你更加脱俗的性格，得以让你从那些痛苦、纠结、浮躁的思想中解脱出来。在这宽阔的境界中，你还有什么值得烦恼的呢？

第九章 格局与布局
——格局决定布局广狭

> 我们的人生，应该是像棋盘一样，有计划、有规划、有格局
> 的，只有我们能够安排好我们的人生格局，我们的事业才有成功
> 的机会。格局越大，成功的几率越高，如果，自己把自己的格局
> 弄得很狭小的话，那他成功的几率也会非常小。

发展——大格局才有长远布局

成功的人大部分在自己年轻的时候都已经规划好了自己的人生格局。他们有着自己的远见，并没有因为外界因素而妄自菲薄，更加没有因为自己的能力不行而放弃自己。无论哪一方面，他们都有绝对的压制性，他们能够用最全面的、最具体的眼光去看待生活和工作，相信通过自己的努力一定会成功的。然而那些格局小或者没有格局的人，只会看见所有的不如意，天天唉声叹气，注定他们一生都没有作为。

我们应该清楚，好运气不是上天赐予的，而是由自己的格局所决定的。有大格局才会有大目标，才不会把自己局限在一个小的空间里面，面对重重困难，他们最终也会获取胜利。然而人生如果只拥有一个小格局的话，那他走到哪都会碰壁，以至于最后一事无成。

混乳机就是一种可以一下同时混合搅拌五种麦乳的机器，克洛克当时就在一家小的推销混乳机的公司里当一个小领导。在 1954 年的时候，他在加利福尼亚州圣贝纳迪诺城发现了一个名叫麦当劳的小餐馆，它是由理查德·麦当劳和莫里斯·麦当劳开办的。那个时候，兄弟两人向他买了八台机器。这可是一个大客户，克洛克决定亲自接待他们促成这笔生意。当他来到小餐馆的时候，他发现这家餐馆生意非常火，人们不惜排几个小时的队，只为可以买到他们做的牛肉汉堡。

克洛克建议他们说："你们的生意这么红火，为什么不多开几家店呢？"兄弟俩说："看见对面的那个山坡了吗？那就是我们的家，我们很喜欢那里，不希望在家待的时间变少。"

克洛克觉得这正是让自己发财的好机会。他马上就向兄弟俩提出自己开分店的想法，并向他们承诺，每年给他们 5% 的利润。兄弟俩爽快地答应了。

1955 年 4 月 15 日，克洛克在芝加哥郊区开了第一家麦当劳餐馆的分店。利润在逐渐增加，克洛克又马上在别的地方开分店。到了 1960 年，麦当劳已经发展到了 280 家分店。1968 年之前，麦当劳每年都会有大约 100 家分店开张，慢慢演变成每年 200 家。

在 1961 年的时候，克洛克的事业越做越大，他以 270 万美元的价钱向麦氏兄弟买下了所有的股权。从这以后，麦当劳就真正属于克洛克了。

如今的麦当劳已成为全球最大的快餐连锁店。克洛克曾这样说过："如果一个人的野心仅仅停留在一个非常小的空间里的话，麦当劳是不会需要他的。"

在这个丰富多彩的世界里，每个人的命运都是不同的。人生格局造就着我们不同的人生。格局和我们的成就都是成正比的，格局越大，成就越大。

如果我们想要有远大的发展，那我们就要懂得规划好自己的人生大格局，让我们的思想得到进一步的升华，尽可能地发挥我们最大的能力，不能只局限在小的棋盘上。

勇敢——布局时要敢于冒险

在人生的道路上，如果你一直畏首畏尾，那你注定了要一事无成。那该怎么改变这个现状呢？最简单的方法就是让自己试着去干自己以为做不到的事，给自己订一个计划，当你通过努力达到目标的时候，你会发现，此时的你信心和勇气爆棚。

15岁的约翰·戈达德当时还只是个在洛杉矶没有见过世面的孩子。他把自己想干的事情都列在了表格上，他称那张表为"一生的志愿"。上面写着，要去尼罗河、亚马孙河和刚果河探险；站在珠穆朗玛峰、乞力马扎罗山和麦特荷恩山的山顶；能骑上大象、骆驼、野马，等等，并给每一个目标都编上了序号，一共127个目标。

戈达德开始抓紧一切时间来实现他伟大的梦想。他和父亲在他16岁那年，实现了他纸上的第一个愿望，去佐治亚州的奥克费诺基大沼泽和佛罗里达州的埃弗格莱兹去探险。他不但学会了戴面罩不穿潜水服到深水潜游，还学会了开拖拉机，并且买了一匹马。在他20岁的时候，他早已在加勒比海、爱琴海和红海里潜过水了。他在欧洲天空上飞行作战33次，成为了优秀的空军驾驶员。在他21岁的时候已经游历了21个国家了。刚满22岁的他，就只身一人来到马拉的丛林深处并发现了一座玛雅文化的古庙。同年他已是"洛杉矶探险家俱乐部"有史以来最年轻的成员。紧接着，他就开始为探索尼罗河做准备，在他 26 岁的时候，他同其他两名探险者到达布隆迪山脉的尼罗河之源。探索尼罗河之后，他开始不间断地完成他的梦想，他在 1954 年漂流了科罗拉多河，1956 年的时候探索了全长 2700 英里的刚果河，等等。他正一步一步迈向成功。

戈达德在一步步实现自己目标的过程中，经历过 18 次死里逃生的险境。他说道："这些经历教我学会了百倍地珍惜生活，凡是我能做的我都想尝试。"

他说，每个人都有自己的梦想和目标，可是并不是所有人都会尽全力地实现它。"检查一下你的生活，并向自己提出这样一个问题是很有好处的：'假如我只能再活一年，那我准备做些什么？'我们都有想要实现的愿望，那就别拖延，从现在就开始做起！"

这个故事，又一次为我们证明了"敢于尝试，是成功的第一步"这句俗语。这句话不单单适用于类似这样的探险事业，面对我们现在的生活和未来，不断向自己的目标前进，难道不是一种探险吗？

对未知世界的探险，你会发现你变得越来越自信，越来越有勇气。每个人的人生都是一种冒险，没有谁是例外。从椅子上起身坐下 30 次，把火柴全部倒出来再一根根装回去，是巴雷特提出的一套锻炼意志的方法。他觉得，这样做会锻炼自己的意志力，对于未来的挑战会变得更加从容。他的建议看似有些过时，但是他的想法却是好的。事实证明，成功一次就会让你的意志得到一次的锻炼，也会使它更加顽强，此时你收获到的则是挑战更大困难的决心。

挑战——格局大小决定成败

石榴树的种子你把它种在哪它就会长大，都是一个种子，但是它会因为你给它的空间不同，生活环境不同，而给予你的回报也是不同的。想想我们的人生，不正是这样的吗，把我们放到一个充裕的格局中去，我们就会有更多的发展空间，就像鸟儿在空中自由地飞翔；要是把我们放在一个犹如棋盘的狭小空间里，我们就会像笼子里的小鸟，只能通过铁丝网看世间。

狭小的格局是成功的障碍。假如你一直被小格局所限制，那么你也就只能过着井底之蛙的生活，缺乏热情，没有进取心。纵使你才华横溢，取得了一些小的成就，但那些成就也是有限的。

《临川先生集》是王安石所著，里面有这样一个小故事。

金溪平民方仲永，世代以种田为业。仲永五岁的时候，不曾见过书写工具，突然哭着要这些东西。父亲对此感到惊奇，从邻近人家借来工具给他，他当即写了四句诗，并题上了自己的名字。这首诗主要是以赡养父母、团结同宗族的人为内容。父亲让一个秀才去评判这首诗，秀才看完，不信这是一个五岁孩子写出来的，想要考验他一下。秀才指定事物让仲永作诗。他立刻完成，诗的文采和道理都有值得欣赏的地方。

同县的人对他感到惊奇，渐渐地请他的父亲去做客，还有人用钱财和礼物求仲永作诗。父亲认为那样有利可图，每天带着仲永四处拜访乡亲，不让他学习。

我听说这件事很久了。明道年间，我跟着先父回到家乡，在舅舅家见到仲永，他已经长成十二三岁的大孩子了。叫他写诗，已经不能与从前听说的相称了。又过了七年，我从扬州回来，又到舅舅家，问起仲永的情况，舅舅说："他的才能完全消失了，和普通人无异。"

方仲永的天资一开始确实高于常人，如果加以学习，一定会大有名气。可是，他的父亲并没有让他继续接受良好的教育，而是以此当做摇钱树，最终耽误了他的一生。人们从这个故事里面看到的大多是应该好好学习。这个故事还有另外一个道理就是：如果一个人的格局就只有那么一点点，就算他先天得到的禀赋，比其他人高很多，但随着时间的慢慢推进，最终也会变成普通人。

小崔在工厂脚踏实地地工作，用了五年的时间就当上了车间主任。周围人都对他羡慕不已，他心里也有些小得意道："就这样一辈子也不错！"

本以为会成为同学聚会的"焦点"的小崔，却被突然冒出来的工厂老板抢了风头。吃完饭后，"老板"说道："哥们儿，你现在的能力和资历完全可以自己干啊。""老板"说这话的时候，可能是带着些醉意，但是他说的也是实话，那个时候正是"下海"创业的最佳时期。

小崔的心里还是依然不痛快。回到家里，小崔就把这个事和老婆说了，老婆急忙说道："我们现在不是挺好的吗？你想自己干，一旦赔了我们可就是一无所有了。"小崔认为老婆说得有道理，又满足于他的车间主任，回到了安逸的生活中去。

十年之后，小崔变成了老崔，还依然是车间主任。好景不长，厂子里大批量地裁员，老崔也在裁员的名单当中，老崔很是生气，觉得老板这是过河拆桥。这个时候他只有默默承受了。

小崔败在了格局上，他一直把自己放在了一个小格局上，没有看到以后的生活，没有把眼光放长远。五年后，他没有接受自主创业的想法，还是满足于一个小小的车间主任，就觉得自己已经很成功了。过于安逸的生活已经让小崔磨掉了年轻时的激情，慢慢地连车间主任的荣耀也没有了。

我们要把眼光放得长远一些，不能因为眼前这一点点利益，就自我满足，每个人都应该有勇于攀登高峰的勇气和毅力。站得高看得远，只有这样，才能有真正的成就。

大局——心有大局，才如鱼得水

历史上的名人比比皆是，可真正经得住时间推敲的却只有那么几个。只有真正凭借自己的才能而永垂青史的大人物，才不会被我们忘记。

品德高尚的人，自然就会有荣誉和他们共存，他们是"先天下之忧而忧，后天下之乐而乐"之人。

纵观古今，天下明君都是以大局为重、为要、为上、为本。当个人利益和国家利益相冲突的时候，他们先顾及到的总是国家的利益而非个人的利益。赵国宰相蔺相如可谓是其中的典范了。

蔺相如因完璧归赵立了大功，获封宰相，地位远胜廉颇。廉颇对此怀恨在心，扬言"我见相如，必辱之！"蔺相如知道这件事情后，想尽办法不和廉颇相见。他请假不上朝，如果在路上遇到了也避免见面，就算遭到了廉颇的恶言相向，也是一笑了之。

大家对蔺相如的做法都很不理解，觉得蔺相如没有胆识，没有志气。蔺相如却说："秦王我都不怕，怎么可能害怕廉颇呢？我这样做，完全是考虑了国家的利益。假如我们打起来了，那秦国肯定会趁虚而入。如果我有什么地方得罪了将军，我愿意赔罪，只希望我们可以和平相处，这样，秦国才不会有机会攻击我们。"

廉颇听到了蔺相如的话，如梦惊醒："蔺相如为了大局着想，而我只为了眼前的私欲而置国家利益于不顾，真是太惭愧了，我要去负荆请罪。"自那以后，将相一家，共同辅佐赵王，使国家日益强盛。

蔺相如是一个顾全大局的人。对于廉颇的挑衅，他可以理智地去面对问题，以国家利益为重，显现出了一种大气之风，最终让廉颇对此怀有敬意。两人化敌为友，一起辅佐赵国，使之繁荣强盛，而他也被后人所歌颂。

在我们的生活当中，凡事我们要是能大气一点儿，识大体一些，不管你走到哪里，你都会是受欢迎的那一个，甚至可以成为受人敬仰的人。这样的你，不管在生活上还是工作上，自然游刃有余。

凡事先以大局为重，从某些角度上看，或许是自身利益受到了些损害，但是换个方面想，这也会让自己在公众面前建立新的形象，谋取合作、促进发展，同时自己也是最大的赢家，这是以大局为重之人的益处。

做人就应该大气一点儿，凡事先以大局为重，这是一种难能可贵的大家风范。当你决定要改变现在这种生活状态的时候，首先要从自身寻找问题，反省自己是不是做得到位。这样的话，其他人就会主动地靠过来。

识大体，说起来简单，做起来却不是那么的容易。以大局为重才能彰显出我们的风采。如此这样，无论你做什么都会受到人们的爱戴。人生如此多助，生活和事业自然如鱼得水。

局限——给自己设限的人无大局

我们不是不想为成功奋斗，也不是不想成功，可就是会有一些或大或小的客观因素阻碍我们前行的脚步。我们称这些为外界环境、个人能力等。在这样心态的波动下，我们也随之产生了"生死有命，富贵在天"的想法，也让我们失去了原本的动力和激情。

局限对于我们来说是存在的，每一个时期对我们的追求都会产生一些局势上的限制。为此，在做事之前，我们首先要考虑的是社会和历史给我们带来的因素。当然，这也不是说，当我们遇到限制的时候就自动退出，大多数情况下，我们所遇到的限制和社会和时代是没有什么关系的。那只不过是一个心理暗示罢了，当我们把自己放进一个小箱子里面的时候，这正是我们在给自己制造困难的时候。

困难都是我们自己遐想出来的。因为觉得自己突破不了难关，就给自己设了一堵翻不过去的墙。只要我们自己能够翻过那堵墙，成功离我们只有一步之遥。

两兄弟住在一个贫困的小乡村里，他们因为无法忍受这里的贫困，就下定决心要去海外发展。

哥哥去了美国的旧金山，弟弟则只身来到了比自己住的地方更加贫穷的菲律宾。自此开始，两兄弟开始了自己的新生活。

过了40年，两兄弟终于见面了，他们早已不是当年的穷小子了。哥哥在旧金山过上了小康生活，开了一家中式饭店和小卖店。他的孩子们也都能自食其力了，也很孝顺他。此时，弟弟已然成为了一位身价几十亿的银行家。他在东南亚拥有相当数量的山林、橡胶园和银行。

他们两个人的生活比起40年前，已经有了翻天覆地的变化，这是大家有目共睹的，在某种意义上他们也都是成功的。可是兄弟俩之间的差距却是天壤之别，这是为什么呢？

哥哥说："我们华人刚到美国什么都不熟悉，只能干一些别人不愿意干的工作。我们也没有什么特殊的才能，只能靠双手来工作。那个时候的我们只是为了解决吃饭问题而工作的。事业对于我们来说，想都不敢想。我们不会做一些不切实际的梦，我的孙子虽然读了很多书，但是还是脚踏实地地找了一份安稳的工作。我们不会妄想进入上流社会，因为我们根本就进不去。"

哥哥说完叹了一口气，羡慕弟弟能有如此的运气，然而弟弟却说："世界上没有什么运气可言，我们离开家的时候，我就发誓要干出一番事业来。我们什么都不缺，总有一天会成功的。有些时候，有些事是别人不敢想更不敢做的，这个时候我就发现，我成功的机会来了。一开始我也做过低贱的工作，但是慢慢地我做他们谁都不敢做的事业，后来事业逐渐扩大，生意也在慢慢地扩大。"

哥哥不敢奢望进入上流社会，他给自己设定的是解决温饱就可以，最终他就生活在所制定的生活方式上。而弟弟一心只想干出自己的一番事业，他所设定的格局就比哥哥的大了好多，以至于最后成为了大富翁。

我们要相信我们自己是有能力的，不能在还没有实践的情况下就给自己设定一个小格局。只要我们凡事都设定一个大格局来激励我们，那么我们就会有更辉煌的明天。

位置——适合的位置能造大局

德国哲学家尼采说过："如果你选准了自己的位置，你的人生就有了一个充满希望的起点。"我们只有找到了属于我们自己的位置，才会让我们的生活充满希望。想要制定一个长远的奋斗目标和切合实际的计划，首先还是要找准自己的位置。

我们很多人都在很努力地寻找我们的目标，也在很努力地奋斗实现这些目标。可是经历一段时间后，我们却越发地感到迷茫，在这个时候我们就应该停下脚步好好想想自己到底应该站在哪里，是不是站错了位置，发现问题就要解决问题，此时要做的就是找到自己最正确的位置。

怎么才能找到正确的位置呢？只要是适合自己的，能成为自己足够的发展平台的，那就是最适合自己的。有很多人都想成功，但是他们对成功的理解却发生了扭曲。他们看到别人所需要的，就盲目地认为那就是自己所需要的，然而，他们从未想过自己到底需要什么。别人的成功经验是可以借鉴的，却不是可以复制的。到底哪条路最适合自己，只有自己走过了才知道。如果直接使用别人走过的路那你只会感觉更加迷茫。

华兹华斯曾说过："适合自己的生活才是美好而诗意的。"同样，只有最适合自己的道路，沿途的风景才是最美丽的。虽然这条路不会十分平坦，但是，只要我们的方向是正确的，心中有目标，那我们也就有了强大的动力，这条路也是相当有意义的。

假如你选择的道路不是最适合你的，哪怕你付出全部的努力也不会有任何回报的。只有选对了道路，所有的付出才会有价值。

20 世纪 90 年代，一个女孩因为高考失利，没能上大学。落榜之后的她在小学里做代课老师。因为性格内向，她根本没有办法完成教学内容，以至于她被辞退回家。回到家后，她伤心欲绝，觉得自己是一个没用的人。她的母亲看见后，一边拭去她的泪水一边对她说道，不要伤心，也许还会有更好的工作等着你。

这个女孩在外出打工的时候，做过销售员、纺织工等工作，到最后都被老板辞退了。她每次失败都会回家找母亲哭诉一番，母亲总是安慰她，从不给她施加压力。

女孩在她 30 岁的时候，凭借着语言上的天赋，来到一家聋哑学校当老师。经历了长时间的磨炼，加上累积了足够的经验，她自己开了一家残疾人学校。到后来，她开了很多残疾人用品连锁商店，身价已达到千万。

她问母亲，为什么在她每次失败的时候，母亲依然对她那么有信心呢。母亲的回答既朴实又深刻。她说，在一块不适合种麦子的地上，我们可以试着去种种其他的作物，无论试过多少样种子，总有一种是适合土地的。只要找对了种子，还怕没有收成吗？

我们的人生就像是一块土地，不管你之前遇到什么样的挫折，那都是在寻找适合土地的种子，只要找到了合适的种子，我们的收获自然就不会少。

古罗马诗人奥维德说过："认识自己，找准自己的位置，是生命焕发光彩的前提。"我们如果想要成功，首先要做的是找准自己的位置，不能站错队。

抉择——正确的抉择决定布局

在我们准备就职的时候，往往都会犯一个错误，那就是——我们只想着被公司录取，谋一份差事，但是我们却忘记考虑这个工作到底适不适合我们。

如今社会竞争非常激烈，许多人希望可以在社会上立足，往往会让自己处于被动的位置上，他们觉得能够有一份工作就已经很好了，根本没有认真地考虑过，这个公司怎么样、老板怎么样。现在很多人都觉得自己没有能力、没有工作经验，能有一个工作就很不容易了。他们的想法都是错的，在职场上，工作经验和能力当然是重要的，但是此时，你能选择一家适合自己的公司对自己以后的发展也是很重要的，这样你的人生才不会出现偏差。

成功是双向的，自己的能力、才华很重要，因为这样才会得到老板的赏识，然而更重要的是，你需要擦亮自己的眼睛来看清楚你求职那家公司的一切。假如老板是一个心胸狭窄，胸无大志的人，那么你一定要快点儿离开这个公司。

如果我们想让我们的人生有价值，有成就，那我们就应该学会选择。

福特公司有位叫艾柯卡的工程师，后来做销售了。1953 年，他升为地区销售副经理，他还提出一个销售计划："给 56 年新车付 56 美元。"就是说，假如顾客购买 1956 年的新车，就可以先支付 80% 的车款，剩下的钱每个月支付 56 美元，三年内还清就行。

艾柯卡的政策被实施后，很快就把费城这个地区的销售业绩提升为各分公司的第一名。到后来，他的这个策略被全公司引用。他也被提升为华盛顿地区的销售总监。

艾柯卡通过自己的努力，在1960年的时候成为了公司的销售部总经理。在1970年的时候荣登总裁的宝座。他一共为公司创造了35亿美元的利润，为此，他很受员工的信任和敬佩。

谁都没想到的是，福特公司的董事长却对艾柯卡产生了妒忌心态，他觉得艾柯卡在公司的存在会威胁到他的地位。于是，福特二世就在1978年解除了艾柯卡的总裁职务。为了不让艾柯卡去别的公司和自己的公司产生冲突，福特二世要给他100万的退休金。艾柯卡被无缘无故地开除，本来心情就很郁闷，福特二世此时又做出了如此的举动，更让他愤怒无比。他拒绝了福特二世，离开了公司。

艾柯卡在被解雇后，终于明白了：如果你要想在自己的生命中，留下辉煌的一笔，那你一定要找一个明智的老板。很多公司都慕名而来请艾柯卡去他们的公司工作，但是都被艾柯卡拒绝了，可是当马上就要破产的美国克莱斯勒汽车公司董事长来请他出山的时候，他却爽快地答应了。因为他了解这是一位英明的老板，同时也是位认可他的老板。

上任后，艾柯卡对全公司的人说：在我的方法没有效果前，我的年薪只要一美元。经过艾柯卡的大换血后，克莱斯勒终于被救了回来，呈献给人们一幅繁荣昌盛的景象。艾柯卡在1980年打破了赔钱的局面；在1982年净利润11.7亿美元，还了13亿美元的债务；1983年提前还清了15亿美元保险金，又净赚9亿美元，还发行了2.6万股股票，股票上市在几小时内被抢购一空。

在福特公司，艾柯卡因为能力突出而招来了老板的妒忌。他要是还在那个公司待下去的话，将来也不会有大成就的。而在克莱斯勒公司，他不但为公司创造了效益，还为自己创造了一个又一个的奇迹。

在人生上，如果我们一直处于被动位置的话，我们的命运就会被别人掌握，我们的人生也没有价值了。就像在找工作上，要是在公司选择我们的同时，我们也在选择公司的话，我们就会得到更大的发展空间，把自己的能力最大化。

决心——无做大事心就没大格局

一个人成功与否，要看的东西有很多，最重要的就是看一个人的思想觉悟的多少。很多成功的人内心都隐藏着一个巨大的要做大事的决心，他们根本不会把自己局限在一个小盒子里，更不会把起点低当做借口，都用长远的眼光去看待问题，时时刻刻鞭策自己，不管什么事都是从小做到大，最终成就了自己的一番事业。

如果一个人一直把自己封闭在一个小盒子里面，那他就会变得不知道什么叫做上进，变得很容易自我满足，就算有再好的机会放在他面前，他也会因为满足于现状而不去把握的。他认为，自己现在这样已经很好了，而且自己也没有那么大的能力去干那些事情。在这样的思维定式里面，他也就只能一直过着这样的生活。

吉姆出生在芝加哥，是一个地地道道的美国男孩，他更是个有想法、聪明伶俐的孩子。他一直想拥有一家自己的餐厅，为此他做了一年的服务生。工作中的吉姆，也是一个从不喊苦喊累的好员工，勤勤恳恳，很受老板的喜爱。经过了一年的磨炼，他要辞职，老板很惊讶并且很热情地希望他可以留下来。吉姆的心开始动摇，他认为自己还有很多东西没有掌握，觉得再干一年，让自己变得更加完美，也是很好的，所以他又答应了老板再干一年。然而，当第二年过去的时候，吉姆的各项能力，已经无人能比了，可是，他却觉得现在的这个工作挺好，不但有稳定的工资，每天还可以从不同的客人那拿到面值不等的小费。假如自己开店的话，不但自己的资金会受到威胁，就连自己是否真的可以经营好一家餐馆都是问题，他就在这样的想法下，打消了要自己开餐馆的想法。这个时候，他的老板又给他升职，让他做前台的领班，他很高兴地应承下来了。这就是一个有志青年演变成服务生的过程。

其实在我们的生活当中，不乏有和吉姆一样的人存在，这些人常常有着令人羡慕的智商和超高的工作能力，可就是因为他们已经习惯了自己的生活，满足在自己的小盒子里面，甘愿当一个碌碌无为的凡夫俗子。

心中怀揣着巨大梦想的人，是不会把自己关在小盒子里的，他们的心中都有大格局。他们不怕困难，甚至有的时候迎难而上，只有这样，他们才能突破自己的瓶颈，一次又一次地达到自己预计的目标。也正是因为他们心怀这种大格局，有做大事的决心和毅力，他们才会把别人远远地甩在身后，最终成为站在顶峰的胜利者。

想当初，周起鸿让"鸿福南货店"红极一时，每天多多少少都会有一定的收入。但是他没有觉得满足，心怀大志的他，只想把生意做得更大，到最后，他把自己辛苦经营的"鸿福南货店"卖掉，去寻找一片属于自己的新天地。

就在这个时候，有个名叫罗信的英国商人，在香港的大坑渣甸山创建了一家购物中心。他听别人说起，周起鸿有着非凡的经营能力，于是他就给周起鸿打电话，让他到购物中心来发展自己的事业。周起鸿很高兴地答应了罗信的邀请，紧接着他就在渣甸山开了第一家南货店。对于周起鸿来说渣甸山完全是一个陌生的环境，而他原来的经营模式在这里完全行不通，还没过几个月，周起鸿就赔掉了所有的财产。

可是周起鸿并没有因此放弃，他谦虚地询问罗信他为什么会失败，主要原因在哪。罗信说道："你的主要原因在于，你一直都在使用你原来的那套经营模式，那些方法可能很适合你原来的那个地方，可是你想现在接触的完全是一个全新的环境，你的经营模式也应该有所改变，只有这样你才能把生意做好。"周起鸿听完罗信的一席话瞬间醒悟，他首先对周围的商业情况进行一番了解，从而得出在这个地方只有开大商店才有赚钱的机会。紧接着，他就开始四处借钱，想要承包一个大商场。罗信也很支持他的这种做法。当周起鸿承包下的云景道商场开业后，生意也是异常的红火。

当云景道商场逐渐地走向正轨后，周起鸿又开始策划更大的事业。每当他没事的时候，他就去看看附近商店的经营情况。在接下来的时间里，他想要把整条街都承包下来。罗信还是很支持他的想法，并给予了大力的支持，在罗信的赞助下，整个富花园街市都是周起鸿的了。

经过周起鸿的一段经营后，整个富花园街市早已不是原来的样子。白天的时候，人流不断，楼馆艳丽；晚上的时候，灯火通明，如痴如醉。到最后，这条街已人人皆知，同时也成为了香港最有名的街市。

周起鸿乘胜追击，又承包下了马鞍山恒耀街市、青衣长发村丰佳街市、沙田马鞍台街市，成为了香港最有名气的"街市大亨"。

每个人的能力一开始都是一样的，有的人满足于现状，慢慢地生活就会把他原有的志向和勇气给泯灭掉。而有些人，他们永远都是向前看，用远大的眼光去看待所有的事物，并且深信自己有着可以完成更大的事情的能力。这也就是成功者和失败者之间的最大的差距。

只有不把自己关在小盒子里面，心怀大的格局，并且深信我们是有能力的，始终保持着这种态度和心态，才是我们成功的道路上最有用的法宝。如果你只满足你现在的生活，曾经的胸怀大志早已被生活磨得所剩无几，那么，成功就永远都不会光顾你，属于你。

志气——无志无格局，无志难布局

一个钓鱼的人有一天在河边钓鱼，一会儿就有鱼上钩了，看来他的运气还不错。让人不解的是，渔翁每次只有钓到小鱼才会放进鱼篓里，大鱼都放回水里了。

旁观的人问道："你为什么只要小鱼呢？"

那人说道："我只有一个小锅，放不下大鱼啊。"

如今这个社会，竞争很激烈，你是否也像那个钓鱼人一样，不相信自己的能力，常常说些打击士气的话呢？

虽然，每个人都有自己的选择，每个人的生活方式也都不一样，但要是想培养出一份大气，那就应该胸怀大志。如果自己都没有志向或者把志向定得很低，那么自己就会把自己圈在那个狭小的空间里了。

林肯曾经说过："喷泉的高度不会超过它的源头，一个人的事业也是这样，他的成就决不会超过自己的信念。"中国还有一句古话："望乎其中，得乎其下；望乎其上，得乎其中。"就是说，追求高的目标，最终得到中等结果；追求中等目标，最终得到一般结果；追求一般目标，那么恐怕就没有什么收获了。

从古至今，我们可以看到，成功者和失败者只有一步之差。高一步立身，高一步的追求，常常就可以使一个人成就他的宏伟蓝图，"丈夫在世，立不世之功"，我们还可以说，成功的要素就是我们志向起点的高低所决定的。

明代学者洪应曾说过："立身不高一步立，如尘里振衣、泥里灌足，如何超达？"他用疑问句来表明了为人处世应该志向远大，只有凡事先行一步，才能超越眼前的界限。不然的话，就像是在狂风暴雨中晒衣服一样，弄得乱七八糟的。

有时候你会问：为什么先人一步，就会取得更高的成就？其实理由很简单，一个人要有超前意识，给人生找一个大的参照物，常常会在无形中强化自己的责任感，使自己更有进取心，更能磨炼自己的意志力，充实自己的经历，这样，想不发展得比别人快都很难。

东汉著名的外交家和军事家名叫班超，虽然他外表不修边幅但是从小就胸怀大志，想闯出自己的一番天地。明帝永平五年，班超以帮官府抄写文书为生，他曾经感叹道："七尺男儿怎能没有宏伟的志向，就算没有很高的志气和目标，最起码也得像介子、张骞一样，干出自己的一番事业。我怎么能一直窝在这里，做着笔墨工作虚度时光啊。"

听了班超的话，那些和他一起的人都嘲笑他说："你还是老实地在这待着吧，就凭你，还想去建功立业，别做梦了。还是快点儿抄好文书，等会儿就要交了。"

班超听了这些话，正色道："'燕雀安知鸿鹄之志'，你们这些人怎么可能了解我的胸怀大志?！我怎么就不能为国家贡献我的微薄之力呢。"不久之后，匈奴在边境肆意掠夺，班超毅然决然地弃笔从戎了。

班超在西域的 31 年，为平定动乱、保护西域的安全以及丝绸之路都做出了巨大的贡献。

"包藏宇宙之机，吞吐天地之志"，这种壮志豪情，代表着成功的欲望，是一种英雄的情节，更是为人处世的最高博弈。我们每个人都心怀大志，站得高才能看得远，才有成功的机会。

"大丈夫在世，立不世之功"，成功的决定性因素就是志气高低的源头。我们应该抱着博大的胸怀去为人处世，凡事比别人先行一步，是成功的制胜法宝。

第十章　格局与取舍

——格局决定舍得多寡

> 我们一生会交到很多朋友，但是没有一个人会是十全十
> 美的，此时，我们应该把他的优点最大化，而不是只盯着他
> 的缺点看，这样朋友才会长久。而在做事上，舍得舍得，有
> 舍才有得，只是想一味地获得而没有舍弃的话，到头来只会
> 竹篮打水一场空。

取优——用人可用之处，无须十全十美

没有人可以完美无缺，每个人都有他的优点和缺点，我们要做的是发现他们的优点，加以利用，用人可用之处。

哲学家告诉我们"做事要从大处入手"，用人也是一样的。我们不能只看着别人的缺点不放，更不应该去指责。我们要做的是站在全局来考虑问题和分析问题。如果因为别人的一些缺点而拒人于千里之外，或者对人十分刻薄，那么你要面对的就是事业上的危机和人生上的失败。

一个成功者必备的因素就是"用人之长"。胡雪岩是清朝著名的红顶商人，他注重的是对手下的全方位考察和衡量，如果发现了谁的长处就会加以利用，让自己身边多了很多的帮手。

　　湖州街头外号"小和尚"的人叫陈世龙。他就是一个街头混混，吃喝嫖赌没有他不会的，别人见了他都是绕道走，只有胡雪岩把他留在身边，帮忙生意上的事。许多人都认为胡雪岩疯了，然而胡雪岩却有他自己的道理。他觉得只要自己运用得好，陈世龙也是一个人才。

　　原因是，陈世龙的优点被他发现了。

　　首先，他很灵活。他们的相识也是因为一次偶然的机会。那天，胡雪岩让陈世龙去找一位朋友，在和他谈话的过程中，发现陈世龙回答问题的时候恰当又得体。更不容易的是，在名人面前，他并没有显露出一丝丝胆怯。这就是胡雪岩认为他是个人才的原因。

　　其次，他不会背叛自己。胡雪岩在别人那了解到，他虽然是个无恶不作的混混，但是他从来没有做过吃里扒外的事情。胡雪岩认为他是个忠心的人。

　　最后，他重义气、重诚信。胡雪岩和他有过一次谈话，分开的时候给了他一张100两的银票，告诉他可以随便使用。在这之前，陈世龙曾答应过胡雪岩戒赌，胡雪岩这样做就是想看看他能不能做到心口如一。陈世龙曾拿着钱来到赌场，可是凭借着他的毅力，又退了出来。胡雪岩知道后，更加欣赏他了。

　　胡雪岩觉得，年轻人有点儿毛病不是问题，但最重要的是这个人要有骨气，有能力，缺点是可以改掉的，而先天的东西是学不来的。只要做事有原则，忠心，其他的都不是问题。而且陈世龙也没有让他失望，很快就成了他得力的助手。

　　人和人之间是有区别的，没有人是十全十美的，但是每个人都是独一无二的。我们应该全面地去了解一个人，而不是只专注他的优点或者缺点，长期以来，你才能离成功越来越近，更好地计划好人生的大格局。

舍得——关键时候正确舍弃才会有所得

如果把人生比喻成大火，当失火的时候，我们要做的是怎么能够多抢救一些东西出来，而不是去挑选哪样东西值钱、美丽。

其实人生就是这样，我们在选择的同时也在放弃一些东西。只有学会舍得，我们未来的路才会走得更加平坦。

迈克·莱恩是一名探险队员。他跟随英国探险队在 1976 年的时候登上了珠穆朗玛峰。在他们要返回的时候，下起了大雪，他们每走一步都非常的困难，让他们担心的是，雪并没有停下来的迹象。当探险队不知道该怎么办的时候，迈克·莱恩建议把身上的装备都扔了，挑选一些食物留下来，减轻负重。他的意见被所有人驳回，他们觉得下山怎么也得十天左右，这就代表着，这十天内不能有任何的停顿，还有可能遭受冻伤，他们这是在拿生命做赌注。

对于伙伴们的反对，迈克·莱恩仍然坚持地说道："这般恶劣的天气，在十天半个月内都不会有好转的，如果我们不这样做，最后只能被埋在这暴风雪中。徒手前进不但能减轻我们的负重，最重要的是可以排除我们的杂念。提高我们的速度，只有这样，我们才有机会活下去。"最后，队友们还是接受了他的建议，大家一路相互扶持，不惧怕所有的困难，最后只用了八天就到达了安全地带。然而恶劣天气却还没有好转的迹象。

后来，英国伦敦国家军事博物馆负责人找到迈克·莱恩，想让他赠送任何一件与那次探险有关的物品，迈克·莱恩丝毫没有犹豫地把因为冻伤而不得不截下的十个脚趾和五个右手指尖交给了他。

正因为当时的莱恩没有放弃自己的想法，才挽救了所有人的性命；也是因为他的选择，他的所有物品全部留在了珠穆朗玛峰上，却将因冻伤而截掉的指尖和脚趾留在了身边。这是博物馆收到的最新奇又珍贵的礼物。

权衡之下，莱恩放弃了重负，保住了生命。由此可见，在紧要关头，学会取舍，是最重要的。舍弃和获得是相互矛盾的，没有舍弃就没有获取，我们应该明白，在抉择的时候，只有不怕放弃，才会获得成功。

短短人生几十年，恩怨、名利都是一瞬间的事；获取与失去，更是短短的一瞬之间。行至水穷处，坐看云起时，古今多少事，都付笑谈中。

学会放弃是一种大气的表现，它可以让我们的心灵得以平静，看出最原始的自己，想要有辉煌的成就，就得学会放弃。放弃不是让我们没有主见，而是一种积极的人生态度。

人生的旅途，短暂而精彩，只有学会了放弃才能够更加平心静气地去欣赏路边的风景。只有这样，我们才能更加容易成功，更加轻松、愉快、坦然地生活。

舍躁——寂寞能教会一个人成长

文澜先生是著名的历史学家，他写过这样一副对联："板凳甘坐十年冷，文章不著一句空。"就是说，做大事的人，应该耐得住寂寞。看看现在的人，大多数都是心浮气躁，和前人简直就是天与地的差别。

寂寞是空洞的，寂寞是孤独的，它们抵不过外面的大千世界，没有市井般热闹。在这个社会，能耐得住寂寞的人，才是能成大事的人，也是少数的人。

一对孪生兄弟，他们从小生活在一起，但是长大后却过着完全不同的生活：哥哥做豆腐开了一个豆腐坊，生意很红火，然而弟弟却靠偷窃和勒索为生，以至于最后进了监狱。

最有意思的是，当记者问到他们为什么会这样的时候，他们的回答却是一样的："我在一个贫穷的地方长大，我只能待在这里，生活过得很清苦，还有年迈的父母要照顾，我还能怎么样？"

寂寞对我们每个人来说都是一种考验，有的人能战胜寂寞，有的人却只能成为寂寞的奴隶。寂寞对于我们还是一种磨炼，有的人从中悟出人生的真谛，有的人却被寂寞拖入了深渊。

人生中有喜怒哀乐就会有寂寞。寂寞是人生中不能避免的事情，如果是这样，与其让寂寞折磨我们，我们为什么不去奴役寂寞，面对寂寞呢？！其意义在于：能够制止住心灵的躁动、能够抚平狂乱的灵魂、能够防守住自己的底线。让我们在寂寞中慢慢成长，凭着我们的理性，鞭策并完善自我。

屈原所写的《离骚》中有着博大的胸怀，是因为他在寂寞中悲悯浮生，坚持"举世皆浊我独清"；李清照千古绝唱成就于她在寂寞中的任性挥洒；鲁迅能够对敌人"横眉冷对千夫指"，然而对人民又"俯首甘为孺子牛"，是因为他在寂寞中能够心系百姓。

如此可见，成功者的执着都是来源于寂寞。浮而不实的人生，只有耐得住寂寞，才是可贵的沉稳之风，才是修身养性的良方，更是超越自我的境界。静中念虑澄澈，见心之真体，这就是生命成熟的标志。

就像近代的"国学大师"王国维说的"人生三境界", "从古到今成大事者, 有大学问的人, 没有不经过这三个阶段的: 第一境界是: 昨夜西风凋碧树, 独上高楼, 望尽天涯路。这正是人生在迷茫的时候, 自己寻找目标的阶段。第二境界是: 衣带渐宽终不悔, 为伊消得人憔悴。这正是人生孤独的追求阶段。第三阶段是: 众里寻她千百度, 蓦然回首, 那人却在灯火阑珊处。这正是我们实现目标的时候。"

青年时期是最容易寂寞悸动的, 我们要学会品味寂寞, 把寂寞加以利用, 做到办事不浮躁, 勇往直前不畏惧, 不要因为寂寞而冲动, 应该冷静地思考人生, 把生命加以升华。

铁树开花需等 60 年, 昙花寂寞等待只为几小时的一现。我们要直视寂寞, 不要畏惧它, 逃避它, 只有耐得住寂寞的人, 才会品味生活、品味寂寞。静中念虑澄澈, 见心之真体, 如此人生才不会肤浅, 大气方才体现。

争取——成功需要一个人的积极主动

对于我们应该拥有的东西, 我们就要学会放弃不需要的, 努力去争取我们需要的。

对于我们来说, 很多事都是需要我们去做出选择的。放弃该放弃的, 是聪明人的做法; 放弃不该放弃的, 是庸人的做法。

蝴蝶用尽全力脱掉自己的外衣, 从而获得了美丽的翅膀能够展翅飞翔; 壁虎为了在危难中逃脱保住性命, 毅然决然地切断了尾巴; 算盘要是想把所有的空位填满, 就得舍弃自己的运算功能。所以说, 对于那些不应该占有一席之地的东西，我们就应该学会放弃。

我们的承受能力是有限的，而我们现在的生活却是繁杂的。假如大脑是一个储存的库房，仓库总会有一定的空间，你把一种东西放进去，就肯定会有一种东西被拿出来或者放不进去的。我们沉浸在武侠小说的武功秘籍里，就不能去用心解开复杂的数学公式，不能专心地记忆英语单词。

所以说，舍弃该舍弃的，不要有留恋，努力该努力的。

英国皇家学院公开张榜为大名鼎鼎的戴维教授选拔科研助手，年轻的法拉第激动不已，虽然他只是一名装订工人，但他还是连忙赶到选拔委员会去报名。他因为只是一名普通的工人，而在考试的前一天被取消了考试资格。

法拉第很生气，他立马赶到委员会找他们理论。而委员们却嘲笑他说："一个普通的工人，还想到皇家学院来，你要是能得到戴维教授的同意，我们就让你报名。"法拉第想，要是不去找戴维教授，自己连参加选拔的机会都没有了。可是戴维教授会见一个普通的装订工人吗？但是为了自己的理想，法拉第毅然决然地去找了戴维教授。

敲门后，门内没有任何声响，就在法拉第打算第二次敲门的时候，门开了。一位神采奕奕的老者，正看着自己。

老者微笑着对法拉第说："请进，门没有锁。"

法拉第疑惑地问："教授您家的大门整天都不锁吗？"

老者微笑地回答道："为什么要锁上呢？你把别人锁在门外的同时，不也把自己锁在门内了吗？我才不要当这样的傻瓜呢！"

正视自己的那位老者，正是戴维教授，他把法拉第带到屋内坐下，静静地听完年轻人的诉说和请求后，给法拉第写了一张纸条说道："年轻人，你拿着纸条去告诉那帮人，就说我同意了。"

经过了重重的考验，一个普通装订工人脱颖而出，成为了戴维教授的科研助手，成功地进入了英国皇家学院那高贵而华美的大门。

就如法拉第一样，想要我们接受不公平的安排，不如我们自己去主动争取，不战而败的人就像是还没出生就放弃了生的权利，这是一种懦夫的行为。作为一个有想象、有志向的青年，我们就必须要有积极的精神、执着的信念和"即使失败也要努力争取"的胆识。

成功的人之所以能成功，是因为他们明白自己要什么，应该做什么，应该放弃什么，应该争取什么。名利对于我们，生不带来，死不带去的，为其念念不忘，实在是不值得。就像高尔基在他房间失火的时候，除了书他没有抢走其他的任何东西，就连自己的生命都没有顾及到。他放弃了人们眼中的财富，守护住了那些能够净化心灵、开启心智的真正财富。

只有有了青松秋菊般的高尚风格，才能做到真正的舍弃。那些该拥有的我们就要努力地去争取，而没用的东西，我们就要学会舍弃。

舍荣辱——宠辱不惊才能得到更多

把宠辱看作是花开花落才会"不惊"；把名利看作是云卷云舒，才能"无意"。我们来听一则笑话。

天下雨了，大家都急急忙忙地在往前跑，只有一个人不着急，在雨中漫步。跑过他身边的人都很不理解地问他："你怎么不跑?"这个人不急不慢地说："就算你跑得再快，前面还是在下雨啊。"

　　在某种意义上，我们可以看出来，当暴风雨降临的时候，其他人都在奔跑而那个在雨中漫步的人，才是真正了解生活、有智慧的人。在现在这个竞争十分激烈的社会，能够从容淡定的人已经很少了，能达到这种程度，应该算是一种大境界了。

　　那些苦闷的表情和焦虑的心态，在某种程度上是一种没有自制力的表现，是不能控制环境的表现。它们就是人类最大的敌人，我们要做的就是把它们扔到我们的视线之外。不管是得意还是失意，都能够从容地面对，这才是达到了最高境界。

　　苏轼任职的地方江北瓜州离江南金山寺只有一江之隔，他经常和寺里的住持佛印禅师谈禅论道。有一天，苏轼觉得自己有一点儿感悟，写了一首诗，让书童送给了佛印禅师。诗的内容是这样的："稽首天中天，豪光照大千；八风吹不动，端坐紫金莲。"这里的"八风"是说人生会遇到的"嗔、讥、毁、誉、利、衰、苦、乐"八大境界，因为会扰人清静，所以称之为"风"。

　　佛印禅师从书童手中接过诗，读完之后，只批了两个字，就让书童拿回去了。苏轼迫不及待地打开批示，以为禅师一定会称赞自己，然而上面只写了"放屁"二字，苏轼不禁大为生气，就去找禅师理论。然而禅师早早就在江边等着苏轼了，待船快靠岸的时候，苏轼就看见了禅师，气呼呼地和禅师说："我们是最好的朋友，你不赞同我的诗也就算了，为什么还要辱骂我呢？"禅师若无其事地说："我骂你什么了啊？"苏轼立马就把批注拿给禅师看。禅师哈哈大笑说道："言说八风吹不动，为何一屁打过江？"

　　苏轼听后，认为自己的修为还是不够，惭愧不已。

《菜根谭》里面说过："宠辱不惊，闲看庭前花开花落；去留无意，漫随天外云卷云舒。""闲看庭前"大有"躲进小楼成一统，管他冬夏与春秋"的意味；"漫随天外"则告诉我们要目光远大，不能和胸怀狭小的人相比较；一句"云卷云舒"又包含了"大丈夫能屈能伸"的崇高境界。不管对事还是对人，我们都要做到失之不忧，得之不喜。

让我们把过去一切的痛苦，都抛弃掉。不要再让不安和焦虑围绕着我们，消耗我们的精力。一首老歌道出我们的心声："曾经在幽幽暗暗反反复复中追问，才知道平平淡淡从从容容才是真。"确实，只有做到了平平淡淡、从从容容，方能心态平和，恬然自得，乐观进取，笑看成败。

我们要学会的是宠辱不惊，不要在得意的时候忘形，也不要在失意的时候失落，不管是哪一方面，我们都要做到坦然处之，从容淡定地面对生活。

淡名利——不重物欲才能享受快乐

在追逐的过程中，我们可以体会到其中的喜悦。可是，要是超过了这个度，追求就会变成无限制的欲望，这样下来，就会变成利欲熏心的人，此时的这个人，就会失去人格，失去快乐。如果一个人把名利欲望作为判断标准的话，那这个人必然会变得非常势利，变得眼里心里只有钱。这样的人如果他的付出没有得到相应的回报，那他就会迷失在失败的阴影里，走不出来，同时他的心灵就会受到束缚，生活变得负重不堪。

一个成功的人，不一定是个把名利、钱财看得很重的人，相反，他们从来不会把这些放在心上，他们需要的是保持一个良好的心态，全身心地投入到自己的事业当中，来迎接事业最辉煌的时刻。

居里夫人是 20 世纪著名的科学家，她发现的镭轰动了全世界，同时也获得了诺贝尔奖。同年，居里夫人的名字出现在各大报纸杂志上，而且都是头条。国外的科学家寄来邀请函，各地政府邮寄的贺卡，像雪花一样飞到了居里夫人的家里；前来拜访、索要签名的人络绎不绝，这和居里夫人之前还是个穷学生的时候的待遇完全就是天与地的差别。如今，面对所有的荣耀、金钱以及地位，居里夫人都是特别淡然的，没有露出丝毫的满足和夸耀，从她脸上看见的，只有高贵的品质和谦虚的笑容。

一位记者采访居里夫人的时候，想把她的事情报道出来，然而却遭到了居里夫人的拒绝，她说："在科学上重要的是研究出来的东西，而不是人。谢谢您的关心，可是我不能再配合您的采访了。"

很多朋友都劝说居里夫人把镭的专利申请下来，面对巨大的利益，居里夫人却坚决地拒绝了。她说："我不能做这种违背科学精神的事情。作为一名科学家，应该是不受限制地把个人研究出来的结果公布于世，对于镭的发现，只是一个偶然，我没有任何的优先权，镭的专长是在医学上，它应该更大限度地帮助有需要的人，让它在工业界和医学界发光发热，这个不能成为我们以公谋私的工具！"

对于生活清苦的居里夫人来说，巨额的诺贝尔奖金是吸引不了她的，她把大部分的钱捐赠给了波兰的大学生、生活贫困的朋友和她的老师及家人，而自己还是过着清贫的日子。有一次她本想买两把椅子，却又担心椅子会增加她休息的时间，最后还是没有买。

爱因斯坦曾经这样评价他所敬佩的居里夫人："在我所认识的所有著名

人物里面，居里夫人是唯一不为盛名所颠倒的人。"虽然居里夫人不争名利，不争地位，但是人们始终没有忘记她，这样一个伟大的科学家，人们给予她的评价也很高。和她一个时代的，有不少喜欢争权夺势的人，他们只是风光了一时，最终还是被人们忘记。

在我们的生活中，一些人把追逐名利看做是有志向的事情，其实并不是那样的。我们追求名利和淡泊名利是不相互矛盾的，相反，它们是有着共同点的。只要我们不被欲望蒙住了双眼，在追逐名利的道路上，我们就不会迷失自己，丧失理智。

舍物欲——放弃多余的第四个面包

在非洲的大草原上，只要狮子吃饱了，就算羚羊在它们的身边，它们也不会动一下。瑞士的奶牛也是只要吃饱了，它们就会悠闲地横卧在阿尔卑斯山的斜坡上，一边享受阳光浴一边反刍。

一位作家，相当欣赏非洲的狮子和瑞士奶牛的生存法则。他曾经说过："如果你只能吃下三个面包，那你为第四个面包所费的一切努力都是白费。"

涛子有一个朋友是个医生，几年前去一个宾馆开会，看见美若天仙的领班小姐，就上前搭讪。领班莞尔一笑，半开玩笑地说："先生，您没有开车来哦。"这让朋友觉得很没有面子，深受刺激，从此立志加入有车一族。

在他们一起吃饭的时候，喝了几杯酒后，朋友告诉涛子，他想把开了一年的小面包卖了买一辆"爱丽舍"还是新款，继而又问涛子有没有车。涛子老实地回答还没有，而且近期也没有这个打算。朋友同情地看着涛子说道："身为一个男人，怎么可以一辈子都没开过车，那真是太不幸了。"

这顿饭吃得让涛子心里很不是滋味，就以他现在的收入，根本买不上"爱丽舍"。更让他无语的是，等到他开上汽车的时候，或许就会有一个开私人飞机的人很同情地对涛子说："身为一个男人，没开过飞机，真是太不幸了。"这个问题一直让涛子纠结了好久，他不知道该让自己如何摆脱"不幸"的深渊。有一天，他无意间看见了一段话：手拿菜篮子的女人是最幸福的，其实，幸福渗透在我们生活的点点滴滴中，人生真正的滋味，或许就存在于提菜篮这样平淡的事情中。在我们时时刻刻拥有它的时候，我们却无视它的存在。

涛子恍然大悟。原来他的这位医生朋友在用一个逻辑陷阱蓄意误导他：没有车，所以你不幸。然而，这个定式本来就是错误的，幸不幸福和汽车没有任何关系。在一个成功人士云集的聚会上，涛子把他对生活对幸福的理解表达出来了："没有病，不缺钱，做自己喜欢做的事情。"

你成功了只能说明，你只占了幸福的一个方面，而不是全部。或者这样做会让你在某些方面得到满足，但是同样，这也会压迫你的生活，使你疲惫不堪。

苏格拉底在两千多年前的雅典集市上叹息道："这有很多东西都是我不需要的！"在我们的生活中，有很多东西看起来貌似很重要，但实际上并不是我们所需要的，更是和幸福无关的。

对于物质我们并不排斥，毕竟我们的生活还是要建立在物质之上的，但是我们万万不能被物质所约束。在这个已经超载的世界上，我们已经被太多的欲望和不满压得不能呼吸了，所以我们要学会适当地给生活减减压，适当地做做减法，把生活中用不到的东西减去，让自己生活得自由一点儿、轻松一点儿。

取淡泊——付出大于回报又怎样

谁不希望付出等于回报，可是事情总是不按照我们想的去发展，这样的事情经历得多了，就会让我们的内心失衡，对所有的事情充满抱怨。

例如，我们给亲朋好友帮了一个很大的忙，然而对方却没有一句感谢的话或一丝丝的馈赠；再者说，在工作上，我们的付出却没有换来相应的待遇或是职务的提升，这个时候，很多人心里都会想："真是倒霉透顶，付出了那么多，却没有得到任何好处，这样的事以后再也不会管了。"……

不知你们是否也曾遭遇过这样的"伤害"？或者曾经有过这样的心理失衡？

然而，这样的心态是大错特错的。付出所得到的回报，不应该是这样计算的，如果你的付出只是为了得到相应的回报，那你失去的会比现在还要多。你已经付出了就不要老是想着你会得到什么，要知道，付出是不一定会得到回报的，如果你因为没有得到回报而抱怨的时候，你以前所做的一切都会变得没有任何意义了。

有这样一个年轻人，他总是乐于助人、慷慨无私，只要有人向他求助，他都会尽自己最大的努力去帮助他们。直到有一天，他自己碰到了困难，他心想，我原来那样地帮助你们，现在也应该是你们报答我的时候了，紧接着他向原来自己帮助过的朋友们求救。

然而，让他万万没想到的是，他的朋友对他的困难都选择了漠视。他生气地怒骂道："你们这些忘恩负义的东西！"就算是这样，还是无法平息内心的愤怒，此时他找到了一位智者，希望智者可以为自己讨回一个说法，看这件事情到底是谁对谁错。

然而智者却说道："帮助人本是件好事，而你现在却把它变成了坏事。"

年轻人困惑地问道："您这样说是什么意思?"

智者接着说："在你帮助别人的时候，你应该做的是保持一颗平常心，不应该怀有索要回报的心态。你帮助你的朋友，是你应尽的职责。而别人对你的回报，就是看他对你有多少的情分，这是不能逼迫的。不然的话，就算你付出得再多，你的身边还是不会有一位真心对你的朋友，你也不会有任何的收获。"

想让自己曾经帮助过的人，在自己有困难的时候，也同样帮助自己，是不明智的想法。就和这位年轻人一样，觉得自己帮助过的人，都应该回报自己同样的帮助，这样才算是合理的，但结果却让他大跌眼镜，他不仅没有得到朋友们的帮助，还让朋友们对他心生厌恶，这是多么不值得的一件事情啊。

我们应该明白，付出是一种完全没有其他强迫性因素掺杂其中的主动性行为，完全是不应该索要回报的。我们自愿地为别人付出，然而，别人和我们没有任何债务关系。他们是否愿意作出回应，给予我们回报，完全看他们是否自愿。他们给予我们回报是对我们的情分，我们应该为之感恩；他们给予我们回应，是他们的本分，我们更不应该为之介怀。

对于大自然，我们生活在同一片天空下，同样享受着雨露的甘甜、舔吸着阳光的乳汁，有些树木早已枝繁叶茂、生机盎然，有的树木却枯枝败叶、毫无生机，不能因为两者给予的回报不同，太阳就不付出；再说说我们，母亲是我们这辈子最应该给予回报的人，她冒着极大的危险把我们带到这个世界上，含辛茹苦地把我们拉扯长大，可是，她是否得到了我们的回报了呢？

付出却得不到回应，这其实是再正常不过的现象了。那些有器量的人，明白这个道理，当他们没有得到回报的时候，他们没有抱怨过任何人，他们做的只是顺其自然，更不奢望什么回报。不要求回报，其实本身就是一种回报，也是付出后的最高境界。

一个又冷又黑的夜晚，有位老人的车在郊外的路上抛锚了。在他等了半个小时之后，才等来了一辆经过的车，开车的男人，见到这样的情况，立马下车帮忙。几分钟之后，车修好了，老人问男人需要支付多少钱，男人却回答："我只是为了帮助有困难的人。"老人还是坚持要给男人一些报酬，可是男人谢绝了老人，说道："谢谢您，但是我想，您或许可以把钱给那些更需要帮助的人。"说完后，他们就各奔东西了。

老人紧接着来到了一家咖啡馆，给他送上咖啡的是一位身怀六甲的女招待员，并说道："欢迎您的光临，您怎么这么晚还在赶路呢？"老人就和女招待员讲了刚刚发生的事情，听完后，女招待员感慨道："您真幸运可以碰见这样的好人，现在这样的好人可是很少见的啊。"老人反问她怎么这么晚了还在工作，她说是为了迎接孩子的到来，需要额外的薪水。老人听完，一定要女招待员收下200美元作为小费，并说道："你比我更需要它的帮助。"

女招待员回到家后，把事情告诉了自己的丈夫，丈夫简直不敢相信，事情会这么巧，女招待员此时才知道，原来丈夫就是那个好心的修车人。

故事告诉我们：我们在付出的同时，也是在为自己的将来积福。每一次的付出不一定会马上得到相应的回报，有可能它会在未来的某个时段以某一种方式在你有需要的时候回报给你。这样的回报才是真正的回报，是无法用经济去衡量的。

我们想到白芳礼，脑海中首先浮现的就是一位老人、一辆三轮车、一群孩子……的场景。这位一生不求任何回报的老人，用他不平凡的壮举——资助贫困学生，感动了知道他的每一个人。

已经 74 岁高龄的白芳礼老人，在 1987 年下定决心要做一件大事，他要靠自己每天蹬三轮车的收入来圆那些上不起学的孩子的上学梦。他一直蹬到了 90 岁，这一蹬就是十多年，这期间他一共挣了 35 万元人民币。假如我们按 1 公里 5 角算，这就相当于老人蹬三轮车绕了地球赤道 18 周。

他并没有把这 35 万元人民币拿来自己享用或者是留给自己的儿女，他把这些血汗钱都捐赠给了天津的多所学校，前后资助了三百多名学生，帮他们圆了上学梦。然而他自己的生活却很简单：馒头加白水，破衣行天下。老人一生不求回报，很多被他帮助过的学生并不知道老人是谁。

在有些人眼里，老人有些傻得过分了，他是一个退休了有稳定收入的老人，不安心在家安度晚年也就算了，为什么要过乞丐一样的生活？还把自己辛辛苦苦赚来的钱都捐赠出去？可是老人从来不管别人说什么，他说道："我一想到那些因为没钱不能上学的孩子们，我就坐不住。我每天出车，天天24 小时待客，一天还是可以赚到二三十块钱的。我一想到这二三十块钱能解决十多个孩子的饭钱，我就越干越有劲……"

93 岁的白芳礼在 2005 年 9 月 23 日，安静地走了。出殡的那天，很多天津市民都来参加了告别仪式，很多人都在灵车前悼念这位伟大的英雄。由于人数过多，半个小时后灵车才缓缓离去。

　　白芳礼老人是真正的英雄，他把自己的能力发挥到了极致并且不求回报地帮助那些学生。这骨子里面带着的大气，不单单让每个受过他帮助的学生们感动，更让我们中国人感动和骄傲。他用他的所作所为为自己的个人美德增分，这就是最好的回报。

　　当有人上坡的时候，你助他一臂之力，微笑告别，不必等他人说"谢谢"，这样的回报就是，在别人的心目中，树立了高大的形象，当受过你帮助的那个人在多年后回忆起这件事的时候，还是会对你发出最真挚的感谢；当我们帮助别人解决了一个问题的时候，能否得到别人的回报其实并不重要，此时重要的是我们不但锻炼了自己，还磨炼了自己的意志力，这也是我们得到的最好的回报……

　　这样看来，如果我们的付出并没有得到相应的回报的时候，我们并不用觉得委屈，因为我们实在没有委屈的理由，此时还不如大气一点儿、洒脱一点儿，时刻提醒自己：没有回报又怎样？关键是我们问心无愧，你就会觉得生活是这样的顺心顺意，是这样的快乐。

　　当付出和回报不成正比的时候，当付出没有得到回报的时候，此时的我们，洒脱一些，不予理会，更不奢望什么回报，这也就是付出的最高境界了。然而，在我们这样做的情况下，回报也正在慢慢地离我们越来越近。

第十一章 格局与行为
——格局决定生存姿态

做人要谦虚、诚实，要勇于虚心请教别人，正所谓：知之为知之，不知为不知，是知也。不能因为在乎自己的面子，就在别人面前逞强，就算不知道也要当做知道，这是非常可怕的，也是成功路上的最大绊脚石。而在事业上，我们就应该秉着敬业的心态去面对所有的工作，不能因为事情不重要，敷衍了事。

诚实——知之为知之，不知为不知

做人最怕的就是不懂装懂。对于不懂的事情，不能随便去做，知之为知之，不知为不知，不然最后吃亏的还是你自己。

元万顷是唐代辽东的管记，那个时候，高丽王莫离支有不轨之心，而且和朝廷关系相当紧张，朝廷对这件事很重视。元万顷对这件事也很关心，于是他就写了一篇文章，讥讽高丽王莫离支的愚昧，不知道守住鸭绿江的重要性。然而，莫离支却在回复中这样说道："听到了你的指示，我会听从指挥的。"立马就派兵去守鸭绿江了。朝廷得知这件事后，大发雷霆，立即就把元万顷流放到岭南了。

元万顷就怕别人不知道他的才能，天天炫耀，到处卖弄自己的那点儿学识，到最后把自己给耽误了，其实，他犯的错误，都存在一定的共性。

知之为知之，不知为不知，这是人生最简单的道理，同时也是很难做到的。或许是因为聪颖的人，很难克制卖弄和炫耀的欲望，愚笨的人又很难克制内心的狭窄和自卑，在这两种情况下，都会出现不知为知之的情况。

文人读书，武将用兵，所以轻浮的文人喜欢在武将面前卖弄。原来有一个李元帅，战功赫赫，有个读书人想去讨好李元帅，就做了首诗送给他。元帅姓李，这位文士由此想到了汉朝的李广将军，他想，要是把李元帅和李广将军相提并论，李元帅一定会很高兴的，所以，诗中就有"黄金合铸李将军"这样一句话。

谁知李元帅看后暴跳如雷，让手下把文士拖出去鞭打了一顿。文士觉得冤屈，李元帅生气地说："我辛苦了那么久，才坐到元帅的位置上，你却想让我做回将军，我打你有错吗？"

唐朝刘秉仁任江州刺史，把一个骆驼从京城带到江州，在庐山放养。去往野地的人看见骆驼都大惊失色，就悄悄把人们聚集在一起把骆驼射死了。有人报告刺史说："什么时间在什么地点捕获庐山山精。"刘秉仁就让人把山精抬来，结果一看是自己放养的骆驼。

大多数的时候，大大方方地承认我们的无知，往往会对我们的事业和人生更加有帮助。

可见，知道道理有先后顺序，技能学业各有专门研究，越能够避免屈辱，就越对自己的事业有帮助。

明明不懂却又要装出很明白的样子，是做人的大忌。"知之为知之，知为不知"是一种自我反省的功夫，它能够让我们认清自己，面对自己的不足并承认自己不知道的东西，最直观地面对自己，才是真正的大智慧。

有时候一句"不知道"并不代表着丢人，反而会体现出你的谦虚，表面上你或许是失去了一些东西，但实际上，你得到的是别人对你的赞扬。有时候，说不知道，也是我们必须学会的，这同样也是一种大智慧。

度量——容人之量才能成就大事

我们经常说"这个人有容人之量"，就是说，这个人有"度量"，也就是我们常说的气度。

何为容人之量？首先就是容言。在生活中，肯定会有很多千奇百怪的问题，我们要做的不是去辩解自己想法的正确，而是应该先耐心地听完别人的想法，特别是和自己有差别的，只有这样，我们才可以取长补短，这也是成大事的人应该具备的品格。

我们应该尝试着用不同的想法、不同的风格和别人做朋友，就算是遇到别人和我们想法不一样的或者做法不一样的时候，想想别人为什么会这样想、这样做，想想别人合理的地方，就会弥补自己很多不足的地方。

何为容人之量？其次就是要能容人，其主要意义是说：容人之短、容人之非、容人之错，不但能容君子，而且能容小人，拥有这种内涵的人，会在不自觉之间把其他人吸引到自己的身边，就算道不同亦能相为谋。

作为理想人格，容人是最为重要的，被历代圣贤大加倡导。越是有想法、有作为的人，越拥有宽广的胸怀。他们明白事理，宽容大度。

"海纳百川，有容乃大"，宽广的大海可以容的很多弱小的河流，一个人如果心胸宽广，有着一颗包容一切的心，那就是即将成熟的标志，也是一种有修养的表现。

蔚蓝的天空因为能容得下每一片轻柔的云彩，才会形成美丽的天空；高山因为容得下每一块不同形状的岩石，所以才会变得高大；大海因为可以容纳每一朵翻滚的浪花，所以才让自己变得浩瀚无际。能"容"、善"容"，这四个字就是我们在人生中苦苦追寻的真理。当我们理解了这四字箴言的内涵的时候，就是我们成功的日子。

容忍是我们想要有度量的基础，也是我们从幼稚慢慢走向成熟的标志，更是体现我们有修养、有气度的表现，正所谓："海纳百川，有容乃大。"能够容许别人有不一样的意见、能容忍别人的缺点、容忍别人的是非、容忍别人的过错，才是有气度之人的做法。

低头——善于向人学习才能出众

有谁不想事业有成，闯出自己的一番天地来？然而很多时候，我们都习惯去独立完成一件事情，认为这样做就是比别人强，有魄力。就算别人比自己强很多，也要强颜欢笑，故作镇定，不愿向其他人请教。这种不肯低头的心理往往是我们最大的负担。

美国哈雷摩托车的主管在 1982 年去日本本田摩托车设在俄亥俄州的工厂访问，然而结果却令人不可思议。本田在美国的重型摩托车的市场占有率已达 40%，大部分骑摩托车的人都认为，本田出产的摩托车不但价钱便宜，还比哈雷的耐用，骑起来舒服。此时，本田是哈雷最大的敌人。

本田打败他们的技术到底是什么，这是他们想要学会的。然而，在厂内没有电脑，也没有什么特殊的作业系统，更没有机器人，他们有的只不过是少量的纸上作业。再就是 30 名职员带领着 420 名装配工人，很显然，这些员工对他们的工作都很满意。

本田的赢，赢在它会活用常识，这也正是哈雷需要学习的地方，五年之后，哈雷重整旗鼓，市场的占有率从 23% 提升到了 46%，这一切的转变都是因为那次俄亥俄之旅。让他们从美国式的好斗变成了和蔼可亲、到处求知的形象。一年内，他们用了最顶级的人事管理制度和品牌策略，哈雷因为这些而变得脱胎换骨。

出人头地的前提是学习。虽说行行出状元，但是，你要想在一行真的有所成就，那么你就应该具备向他人学习的精神。向别人请教，这并不是一件丢人的事情。你应该用最客观的态度去判定自己的目标和能力，继而向前辈们学习，再进行调整，只要肯努力，肯付出，你甚至有可能超过你原来学习的对象；同样，你如果是为了面子故作逞强，那么等待你的有 90% 是失败。

孔夫子说得好：三人行，必有我师。不管你从事哪个行业，都离不开向他人学习的精神，否则你将一事无成。亚里士多德的导师是柏拉图，柏拉图的导师是苏格拉底，然而，他们能有那么大的成就，就是因为他们一直在向前辈们学习着，进步着。

山外有山，人外有人。只要放得下面子，肯向其他人虚心请教，你就会从别人身上学到很多东西，从而补充你自己的知识库。

并不是说，等你成功后，你就可以自视过高了，你同样需要向别人请教你不明白的东西。在任何行业、任何时间，都有你值得学习、值得模仿的成功者。请教是一门学问，但也是我们人生中的必修课。只有能够低下头的人，才是会成功的人。

大度——敢于给对手鼓掌喝彩

在我们的生活中，我们经常会把对手称为敌人，并不间断地提醒自己：他是我的敌人，他要是成功了就意味着我要失败了。我一定要谨慎小心地提防着他，不能对他有半点儿好意。还有些人会把这种心态转变成仇视心理，恨不得在对方背后做些伤害他的事。

可是我们却不知道，这只是一种狭隘的思维方式，对我们是没有一点儿好处的。只要有了对手，就意味着我们有了危机感和竞争感。只要有了对手，就代表着我们必须强迫自己去干一些事情，不然的话，我们只能被无情地替代。

18 世纪，法国科学家普鲁斯特和贝索勒原是一对论敌，他们进行了长达九年的对"定比定律"的争论，两个人没有一个人退让，到最后，普鲁斯特成为"定比定律"的发明者，以他胜利而告终。此时的普鲁斯特真心实意地说道："要不是贝索勒曾激烈反对过我，要不是他一次次地质难，我是不可能再继续更加深层次地研究下去的，也不会发明出'定比定律'的。"普鲁斯特特别声明，发明"定比定律"，贝索勒有一定的功劳。

因为对手强力的竞争而使其成功的国际品牌也不在少数。

宝马和奔驰都是德国的汽车品牌。有一年，记者问宝马的老总："为什么宝马车能够这么多年一直取得进步呢？"老总回应道："这都得归功于奔驰，他们追赶我们的脚步太快了。"然而，记者就同一个问题，又问奔驰车的老总，奔驰的老总回答道："都是因为宝马进步得太快了，这得感谢他们啊。"因此，两家汽车公司，同时成为了世界的一线品牌。

如此可见，相互竞争的对手并不是必须是对立的关系，所以说，我们应该去积极面对敌人，而不是去排斥他们，在某些时候，我们甚至可以用赞赏的眼光去看待他们。只要我们放平心态，我们就会发现，其实对手并不是我们的敌人，反而会有很多值得我们去学习的地方。

为对手鼓掌叫好，这样做并不代表着，你是懦弱胆小的，或者是想讨好对手，达成某种协议。其实，这只会体现出来你的大气以及你良好的教养和高尚的品格；同样，为对手鼓掌，也是一种智慧，一种完善自我和升华自我的方式；为对手鼓掌叫好，也在逐渐改善你善妒的心态，同时也培养了你的大家之风。

你是要赶上你的对手，还是要诋毁你的对手，完全在于一念之间。

我们要做的是把对手看成是我们的朋友而不是敌人，真心实意地为对手叫好，这也是需要勇气和智慧的。它不但可以提升你的个人能力，还可以给你培养出一种大家的风范，何乐而不为呢？

竞争——忌妒心是大忌

不管是在生活还是在工作上，我们都会碰见和我们竞争的对手。我们常常在面对对手的时候，不能冷静地思考问题，从而采用一些比较不理智的方法去打压对方，这些都是善妒的表现，是极不提倡的。

每个人都有善妒的心理。谁也不想看着竞争对手比自己强大，更没有人喜欢甘拜下风。可是，如果为了能够胜利而不惜一切手段的话，你虽然赢得了比赛，却会输掉你自己的名声和人品，会让人们因此疏远你，导致你慢慢走向失败。

黑格尔曾说过："忌妒乃是平庸的情调对卓越才能的反感。"意思就是，一个善妒的人，会有这样的想法："你不能比我强，只有我可以比你强。"这是一种不正常的心态，是一种不敢和人竞争的心态，他们对自己缺乏自信，又不能让别人过得比自己好，于是就选择了用各种方法去打压别人。然而这种心理是非常不利于我们在社会中立足的。

要是一个人没有好心态的话，没有正确的竞争心态，在别人取得成功后，只会报复对方，而不是从自身找原因。时间长了，他自己内心就会有恐惧感，他的世界也会变得越来越不健康。以至于，他只能是个失败者。

我们都想好好地适应这个竞争激烈的社会，所以我们就应该公平地竞争。想要公平地竞争，我们首先要学会控制好自己的情绪，不能怀有善妒的情绪，需要冷静地解决问题。假如此时，你采用的是搞小团体的方式的话，在竞争的过程中，就没有提升你的意义了。只要采用了非正常的手段，你的印象就会一落千丈，最终走上不归路。

一个人一旦有了忌妒心，那首先要承认的就是，自己是个失败者。因为他们的能力没有别人强，他们就用一些非正常、非公正的方法去报复对方。或许在他们打击别人的时候，内心会有一些平衡感，但是他们却在做一些无用功。这不但使他们浪费了宝贵的时间，更使他们的名声遭到了质疑，阻碍的只有自己前进的道路罢了。

斯宾诺莎说过："在忌妒心重的人看来，没有比他人的不幸更能令他快乐，亦没有他人的幸福，更能令他不安。"忌妒会让人沉浸在无限的痛苦当中，从而影响了你的工作，造成工作效率低下，工作能力也变得不行了，更加难以把自己的能力发挥到最大化，它会让你的人际关系变得很复杂，让别人用有色眼镜来看待自己。所以说，我们现在要做的就是摆脱善妒的心态，学会用积极向上的心态去面对竞争对手，只有这样才会让你变得更加成功。

敬业——任何时候都不可敷衍

一个人生活保障和发展导向的基础是工作。不管我们从事什么样的工作，我们都要秉着敬业的心态。无论是从个人的长远发展来看，还是从近期规划来看，敬业精神是一个人最应该拥有的精神。不单单老板喜欢我们爱岗敬业，这也是我们生活所需要的。

我们要在勤奋的工作态度下，干一行爱一行，这是敬业的前提，同样也是敬业的基础。精益求精，同样也是一个敬业者应该具有的品质。也只有真正爱岗敬业的人才会在自己的工作岗位上勤勤勉勉地工作着、研究着，只有这样，你才能得到别人无法得到的。

　　约翰在一家钢铁公司做炼铁工人。在一次冶炼的过程中，他发现很多的矿石并没有得到完全地分解，就被当成垃圾扔掉了。他觉得这个会给公司带来很大的损失，就向车间主任反映了情况。然而主任却说："这个问题和你我无关，我们还是多一事不如少一事吧。"约翰不甘心，就去找负责技术的工程师。工程师们觉得约翰这是在表现自己，并且在怀疑他们的技术，坚决地拒绝了。

　　然而约翰并没有放弃，他拿着样品找到了负责技术的总工程师，他把来龙去脉讲了一遍，又把矿石拿给了总工程师看，说："先生，我觉得它并没有发挥出它最大的价值，您觉得呢？"

　　总工程师认真地看了一下，说："是的，你说的是正确的。但是，这块矿石你是从哪里得来的，这个和我们有关系吗？"

　　约翰说："这是我们公司的矿石。"

　　总工程师很诧异："怎么可能，我们的技术都是一流的，怎么会有这样的事情发生？"

　　约翰说："我也不相信如此，但这就是事实。"

　　总工程师愤怒了："有问题，却没有一个人向我反映，这是为什么？"

　　总工程师带着约翰来到车间，经过调查发现，是因为机器的某个零件发生了问题，所以才导致矿石没有被冶炼完全，才造成了如此大的浪费。

　　公司的老总后来知道了这件事，不但奖励了他一番，还将他提升为负责技术监督的工程师。老总对约翰说道："我们公司有很多工程师，但是负责的却很少。我们公司需要的是像你这样的，能及时发现问题、改正问题并忠于公司的人才。"

老板都喜欢满腔热血、诚实守信的员工。当我们把工作当成是我们自己的事情的时候，自然就会得到老板的认可，从而就会有精神和物质双重的回报，也会让自己离目标又进一步。

每个成功的人，对于自己的工作，绝对不会抱有敷衍了事的态度。因为在他们的心里，没有雇佣关系的存在，也没有工作时间的存在。不管什么时候，他们都是把公司的事情当做自己的事情在做。最后，他们也得到了相应的收获。

如今的社会，就是一个把重点放在敬业的时代，不管你是什么职业，你都要有敬业的精神和意识。我们要记住，一个对待工作都不认真负责的人，是永远不会成功的。只有认真负责的人，才会得到与付出成正比的回报。

豁达——开朗能去除心灵杂质

生命的历程就是在舍得之间、苦乐之间、成败之间做交替运动。生活中不可能处处充满阳光，肯定会有阴天下雨的时候，遇到挫折是在所难免的，当我们遇见这些问题的时候，我们要做的不是自怜自哀，而是应该用坚强的心态，用包容的心去面对并解决这些问题。

在清朝的时候，安徽桐城有个很有名望的家族，父子两代为相，权势显赫，这两个人就是张英和张延玉父子俩。清康熙年间，张英任文华殿大学士、礼部尚书两职。老家是和吴家做邻居，两家之间有个空地，是两家交通通道。

吴家要建造房屋，想占用通道，张家不同意，双方就打起了官司，还惊动了衙门。由于两家都是名门望族，县官也不敢轻易结案。

在这期间，张家给张英写了一封信，希望他可以出面了结此事。张英看完信后，觉得邻里之间应该谦让，就给家里回了四句话：千里来书只为墙，让他三尺又何妨？万里长城今犹在，不见当年秦始皇。

家里人看完了信，明白了张英的意思，就主动地让出了三尺地。吴家见张家这样，觉得自己不对，也主动让出了三尺地，这样一个六尺的巷子就出来了。两家之间的谦让精神和张家的不以权势压人的做法，深受大众好评。

古人云"仁者寿"，一个仁慈的人能够长寿的原因只有一个，就是有一颗包容的心。他能够正确地选择面对困难的解决方法，在面对别人的误解的时候，可以坦然面对，不骄不躁，所以他才会成为笑到最后的人。

当我们面对困难的时候，没有必要去自怜自哀、怨天尤人。我们要学会的是自我调节，以包容的心态、宽广的胸怀来稀释我们的困难。这样才可以让困难远离我们，不被它们所困扰，也只有这样，我们才会有东山再起的机会。如果，我们在低潮的时候，还在钻牛角尖的话，那么迎接我们的必将是更大的痛苦。

高正是一个很情绪化的人，碰见不高兴的事，心情就会不自觉地变得很糟糕，不知怎么做才好。他也知道这是自己的弱点，可就是没有找到解决的办法。直到有一天，他遇见了一位心理学家。

刚毕业那会儿，正是高正心情最低落的时候。他在一家当地的公司做文员，工资少得可怜，同事间还充斥着各种忌妒与猜疑，他根本适应不了那里的环境。更让他难过的是，和他相恋三年的女友执意要和他分手，他没想到多年的爱一样经不起现实的考验，他的心在慢慢地破裂。

　　朋友的劝说根本没有作用，他只是把自己的心关起来，沉浸在自己悲伤的气氛里。然而，除了悲伤，他还能做什么呢？朋友建议他去看心理医生，为自己找一条摆脱困境的道路。

　　心理专家听完他的叙述后，就把他带进了一间很小的屋子，里面只有一杯水和一个桌子。专家说道："这个杯子被放在这里很久了，每天都有不同的灰尘掉落，可是它还是那么清澈，你知道原因吗？"高正认真地观察后说道："因为杂质都在杯底。"

　　专家赞同地点头说道："你心里的烦心事就和这水中的杂质一样，就让它沉入心底吧。如果你不喜欢它，使它摇晃，会使杯子的灰尘全部漂浮起来，混沌一片，这样的行为难道不愚蠢吗？你要是愿意慢慢等它们沉淀下去，用包容的心去对待它们，那你的心灵就不会受到干扰了。"

　　生活中的磕磕绊绊是在所难免的，人际关系的相处也是一样的。自己不要和自己过不去，我们要做的就是把所有不开心、不好的事沉入心底，不要为了那些不顺心的事，投入更多的精力和时间。

　　外在事物只有通过一个人的内心才会发生作用。如果我们的心不被困住，那么，不管怎样，我们都是自由的了。

谦虚——成功必备的品质和修养

谦虚是一种美德，也是每个成功的人必备的修养和品质。希腊哲学家苏格拉底说过："谦虚是藏于土中甜美的根，所有崇高的美德由此发芽滋长。"一个谦虚的人身边总是聚集着很多的人，而且还总是能够获得这些人的赞扬、尊敬和拥护。

然而，这个道理大家却不是都懂。很多人自视过高，对在某些方面赶不上自己的人，不是不以为然就是冷嘲热讽；还有些人，甚至用自己的长处和别人的弱处相比较，来衬托自己的长处。这样的人，看着很是聪明，但实际上，他们不但破坏了自己的人际关系，更诋毁了自己的品质。

黎苗是某文化公司策划部的成员，她做事雷厉风行，而且工作效率也十分高，但是这个人却不懂得谦虚。每当别人在工作上出现问题的时候，她总是很夸张地说道："不是吧，这你也出错啊。"当别人指出她的方案有问题的时候，她的反应常常是："有什么办法呢，你们还能提出比我还要好的方案吗？"慢慢地，同事们都开始疏远她，到最后，谁都不愿和她一起工作了。

黎苗虽然才华横溢，但是她不懂得谦虚，她把自己看得很高，却低看别人，她总是自以为事、恃才而骄，当别人在她这反复受到羞辱的时候，谁还愿意听她的自卖自夸？这样的做法，只会让别人越来越反感她，从而对她敬而远之、嗤之以鼻。正所谓："木秀于林，风必摧之；花艳群芳，必遭采之。"我们一定不能成为这样的人。

谦虚恭敬的人总是受人欢迎的，他们总是能够把自己放在低处，认真向别人请教。当他们用谦虚的态度来发表言论的时候，会很快被别人接受。尤其是在文化背景不一样，地域文化不一样的时候，偶尔地说上一句"这个我不是很明白，你可以再重复一遍吗？""对不起，我没有理解你说的话的意思"。这些谦恭的话，会让对方觉得你是个很有内涵的人，和蔼可亲，会让你很容易赢得别人的好感。

"满招损，谦受益。"我们的人生是没有止境的，学习和知识亦是如此。有胸怀的人无论怎样，都会记得把自己放在比较低的位置上，这样就会给人留下谦虚恭敬的印象，也就能获得别人的帮助和支持，从而不断提升自己的能力。这就像一杯水，只有把旧的水倒掉，才能换来一杯新的水。

柴斯特·菲尔德是著名的文学家，他曾经说过："如果你想受到赞美，就用谦逊去做诱饵吧。"同样，你要是想成为一个大气的、有魅力的、受欢迎的，那就应该把这句话当成是自己的座右铭。

拿出谦虚的态度来吧，这样才会被别人所接受，才能从别人那得到帮助和支持，从而不断地提升自己的能力。

果断——做人做事不拖拉

不管是做人还是做事，我们都不能优柔寡断。当我们步入社会的时候，我们更不能把这种习惯带进社会当中，不然永远都不会成功的。

对于现在的我们来说，潜在的敌人只有一个，那就是遇事不果断，凡事拖拖拉拉，这也是阻碍我们成功的致命的缺点。缺乏这样的果断性，不单单会让我们失去变得富有的机会，还会让我们对我们的判断能力失去原有的信心，以至于当我们要做决定的时候会突然迷失在路上，在各种选择之间犹豫不决。时间一长，我们本身就会失去做决定的本能，导致完全忘记自己要走的道路，使自己被划分在被动的一方。如果一个人失去主导权，还被别人操控着，那他在这个社会上的生活，将是非常危险的。所以说，不管你遇见了什么样的情况，我们要做的都只有一点，果断出击，速战速决。

东汉时期的班超是著名的军事家和外交家，他就是果断行事的典范。

公元 13 年，汉明帝派班超率领 36 名将士出使西域，希望能够使西域的这些国家和汉朝的友好关系更加坚固。

班超首先拜访的是鄯善国。鄯善国国王一开始见到汉朝使者的时候，丝毫不敢怠慢，领着众大臣一起来招待班超一行人。可过了几天之后，鄯善国国王态度大变，不但对班超他们爱搭不理的，还总是刻意不和他们见面。班超心想，这样的原因应该是因为匈奴的使者也已经到达了鄯善国。匈奴人想来欺辱邻国，国王因为害怕他们，所以才不和我们过多接触的。

在班超想着应该怎么对付他们的时候，正巧鄯善国侍者前来送饭。班超丝毫没有犹豫，抓了鄯善国侍者问道："匈奴来的使者住在哪里？"鄯善国侍者吓了一跳，因为匈奴来鄯善国的事情，是大家禁止讨论的，同时整个鄯善国上下也把这件事情的保密工作做得很好，外人是完全不会知道的。侍者现在也没有任何办法，只能把事情从头到尾、老老实实地和班超说了。当班超知道自己的想法完全正确的时候，马上就把侍者扣押起来，紧接着和他带来的 36 个人说道："匈奴人才到这里，国王对我们的态度就有了天翻地覆的变化，假如他真的为了讨好匈奴人而把我们献给他们，我们不但有辱大王对我们的期望，甚至连命都没有了。"

跟随班超的人，听他这么一说，纷纷表明态度，愿听从班超的一切调度，同心齐力。

班超和所有人说："要想顺利地完成任务，我们就要当机立断。现在只有杀了匈奴的使者，才能让鄯善国王断了投靠匈奴人的念头！"

行动当晚，狂风怒号，黄沙漫天，班超带领轻骑三十多人，把风沙当做掩护，潜行到匈奴的驻扎地点。快到营寨的时候，班超叮嘱十个人让他们带着鼓，小心地绕到匈奴人的营寨的后面，并告诉他们当他们看见前面烧起大火的时候，立马敲鼓呐喊，混淆匈奴人的视听；让剩下的20人在敌营前埋伏，手持弓箭、刀枪。当一切都安排妥当的时候，班超首先冲进去放火烧敌营。借着风势，匈奴人的营寨一下就变成了熊熊的火海，杀声四起，鼓声震天。还在睡觉的匈奴人根本不知道发生了什么事情，慌乱成一团。班超接连杀了三人鼓舞士气，他的手下们也杀死了三十多名匈奴人，其他人都葬身于火海之中。

等到第二天，班超提着匈奴使者的头颅去参见鄯善国国王。国王哪里见过这样的场景，立即吓得血色全无。班超趁着这个机会，向国王宣传汉朝的威严和品德，劝说他可以和汉朝结为盟友。因为匈奴经常欺辱弱小，向他们这样的小国家索要财物，因此鄯善国早就对匈奴不满了，国王看见汉朝使者智勇双全，又主动与其修好，觉得他们是可以值得信赖的，立即就答应了和汉朝成为盟友。

因为班超当机立断地杀死了匈奴使者，才能把被动变成主动，因此才获得了出使西域的第一个成功。到后来，他一直手握主动权，不单单鄯善国，就连于阗、疏勒等西域诸国也都和汉朝成为了盟友，建立了友好关系。在他治理的三十多年里，为当地的文化和发展都起到了巨大的作用。

班超的故事让我们懂得，假如做事拖泥带水，在你达成目的的道路上会有很大的阻碍。我们也应该做一个果断不拖拉之人。

在这个世界上，容易失败的往往都是一些做事拖拖拉拉，不果断的人。就算他很有能力，但是他自己都不相信自己，又怎么让别人信服他呢？

为人处事没有果断性，只会让我们失去更多。项羽号称西楚霸王，然而他就是一个很好的反面教材。

秦关被项羽攻陷之前，项羽率领军队扎营在新丰鸿门，然而刘邦却把军队扎在了离他不远的灞上。

曹无伤身为刘邦的手下，却跑到了项羽这儿来告密，称刘邦要在关内封自己为大王，不但招兵买马还积攒了大量的军资备用。项羽听闻这个消息，勃然大怒，第二天就要亲自去问个究竟。然而，项伯不断在项羽面前为刘邦美言，导致最后，项羽只让刘邦前来谢罪，而无其他事情。

项羽同意了让刘邦前来谢罪了事，而忠臣范增认为这正是铲除刘邦的大好机会。于是，他马上就去找项羽协商此事。待刘邦一群人准时赴约后，项羽却总是不能下定决心，面对范增的多次暗示，视而不见。范增看见项羽犹豫不决，就自己安排好了刺杀刘邦的一切。宴会开始后，项庄借着要以舞剑助兴的名义，伺机寻找刺杀刘邦的机会。然而，项伯早已看出他们图谋不轨，就主动要求和项庄同时舞剑，用此方法来保护刘邦不受伤害。现场气氛很是紧张，可是项羽却装作没看见，这使范增的计划再一次失败。虽说项庄刺杀刘邦的计划落空了，但是现场的气氛依旧没有半点儿松懈，以至于，刘邦是留也不是走也不是。就在这个时候，身为第一猛将的樊哙带着兵器冲到了项羽面前。项羽深知此人乃刘邦手下的猛将，便称赞他是真英雄，赐酒赏肉。樊哙边喝酒边吃肉，还称赞刘邦的丰功伟绩，怒斥项羽这样的行为。使得项羽更加没有了定罪于刘邦的意愿。刘邦见樊哙进来了，就以上厕所为借口，偷偷地跑出了项羽的军营。

对于此事，范增对于项羽的优柔寡断相当的不满意，"如此犹豫不决的人，怎能撑得起天下。我们日后必定要成为刘邦的俘虏！"

称为西楚霸王的项羽，到最后真的就败在他犹豫不决的性格上，这是多么让人遗憾的事情啊！

一个做事不爽快的人，在面对问题的时候，就会很难选择出正确的解决方法。如果你不坚定信念，做一个果断的人，那么，你就不会成功。

忍耐——磨炼自己承受力最好的方法

我们前进的道路不可能是一帆风顺的，总是要遇见各种各样的问题，才算是完整。而这个时候，我们应该做的不是抱怨这个社会是多么的不公平，而是应该学会面对这些问题，面对我们应该承受的一切。如果此时的你，只是怨天尤人的话，那事情不但不会得到解决，还会适得其反，让事情变得更加的复杂，以至于我们到最后完全看不见胜利的曙光。

没有谁不希望自己能早点儿成功，可现实却和我们开了一个巨大的玩笑。成功是需要时间慢慢磨炼的，并不是说想成功就会成功的。任何光鲜靓丽的背后，都会有着不为人知的心酸苦痛。俗话说得好，"心急吃不了热豆腐"，如果我们没有耐心、没有毅力，不管什么事情都急不可耐的话，就算再小、再简单的事情，我们都不会成功的。

孔子曾经说过"小不忍则乱大谋"，当我们面对生活的困难的时候，我们学不会忍耐，这终将会影响到人生的格局。在我们有不如意的事情出现的时候，最理智和最成熟的表现就是忍耐，同样，这也是一个成功人士所应该具备的最基本的素养。会忍耐的人，往往心中都怀有巨大的气魄和胸襟，因为他们明白，为了小事而破坏了全局的计划是不值得的。

当我们面对现实的痛苦的时候，我们要学会的是如何忍耐。如果我们连这些小的痛苦都不能忍受的话，那只能出现离成功只有一步之遥的悲剧。如果因为学不会忍耐而变得操之过急的话，那样就会很轻易地放弃我们之前所有的努力，原本伸手可得的东西也会变得离我们十分的遥远。

在纽约州的一个小镇上，有这样一个女孩，她从小就有一个心愿长大了可以成为一名优秀的演员。而她身边的人，都认为这是一个孩子的幻想而已。

小女孩并没有因为亲朋好友的嘲笑而放弃她的梦想。她终于在 18 岁的时候，考进了纽约市的一所艺术学校。上学期间，她依然没有放弃过她的梦想，她每天刻苦学习，时时刻刻都在为了自己的梦想而努力着。当努力达到极限的时候，她还是没有办法和那些很有天赋的学生相媲美。

直至后来，因为女孩实在是没有天赋，学校只能给她的母亲写了这样一封信："我们因为曾经培养出了很多优秀的演员而自豪，然而，您的孩子是我们前所未见的，您的女儿实在是没有这方面的天赋，所以，她不能继续念下去了。"

女孩就这样被开除了。可是她并没有因此而放弃自己的梦想，她还是继续留在纽约。为了生活，什么样的脏活累活她都干过了，每当困难降临的时候，她从来都是自己默默地忍受着。工作之外的时间，她还是用来申请参加各式各样的彩排，并且不要一分钱的报酬。可还是和以前一样，所有的剧院老板都对她说了同样的一句话："你完全没有天赋，我们不能雇佣你。"

过了两年，她患上了肺炎，她的身体被病魔搞垮了。她住进了一家各方面条件都很不好的慈善医院，医生告诉她，因为肺炎的关系，她的双腿肌肉萎缩，再也不能走路了。

她不得不回到小时候的小镇里。面对这么大的打击，她并没有退缩，她忍受着病魔的折磨，并且坚信着，她终有一天还会站起来的。她获得了一名医生的帮助，进行一项腿部力量的练习计划。最开始的时候，她需要在腿上加重20磅并且还要在双腿上绑上夹板，做好这一切准备工作后，她就需要在负重的情况下，用拐杖进行行走练习。在练习的过程中，她双臂上已经没有一块好的皮肤，摔得血肉模糊已是常事，可是她却没有流下一滴眼泪，每天还是坚持锻炼。经过两年的时间，她终于可以走路了，虽然看起来有些跛，可是我们看重的是她身上的那种精神。

当她重返纽约寻找梦想的时候，已经23岁了。这次的寻梦时间长达17年之久。而在这17年里面，她所经历的困难和挫折是常人无法理解，也接受不了的，可是她狠狠心忍了过来。在她40岁的时候，她终于可以在一部电影里面担当一个配角。而影片里她那质朴的表演早已打动了千千万万的观众的心。自此以后，她终于获得了成功，并且成为了世界著名的演员，她就是——露茜。

想要取得成功，我们首先要做的就是学会忍耐，这也是成功必备的因素。不管现实是什么样子的，也不能让我们的内心有所动摇。我们懂得，现在出现的任何折磨和困难，都是我们成功道路上的一道美丽的风景。只要我们不放弃，不要在困难面前怨天尤人，时时保持着健康积极的心态，那么成功离我们就会越来越近。

蒙田是法国著名的哲学家，他曾经说过："假如结果是快乐的话，我会百般忍耐暂时的痛苦。"我们要明白，我们现在所经历的苦难都是暂时的，只要我们能够坚持住、忍耐住这些折磨，最后我们一定会取得成功。很多人都知道这个道理，却很少有人能够做到，这也就是成功者为什么成功，而失败者为什么失败的原因。

俗话说："能忍一世苦，换来一世甜；难忍一时苦，终生苦中苦。"我们想要自己的生活有所改变，那首先要做的就是看清现实，勇敢地面对现实。只有在现实中不断地磨炼自己的承受力和忍耐力，我们才能够改变人生。

主动——以积极心态面对一切事情

积极主动的态度也是成功的一个重要的因素。古代战场上，大多数是讲究兵贵神速。什么叫"兵贵神速"，就是说用兵主要在于行动特别迅速，这样才会取得胜利。

三国时期，曹操有个手下，名叫郭嘉，此人足智多谋深受曹操重用。此时的袁绍占有冀、青、幽、并四州，曹操不仅打败了袁绍，还杀了他的长子，其他的两个儿子也逃命去了，去投奔辽河流域的乌丸族首领蹋顿单于。蹋顿趁着这个时候去骚扰汉朝的边境，不让那里的人民过上正常的生活，同时也间接性地影响了汉朝的统治。曹操想要去讨伐蹋顿，可是又害怕自己走了之后，刘表会趁机让刘备来偷袭后方。郭嘉把当时的形势分析后对曹操说："你现在名誉天下，可是乌丸地域偏远，自然不会有所防备，如果我们突然袭击的话，一定可以一举歼灭他们的。假如我们现在不有所行动，等到袁尚、袁熙重新整顿的话，再加上乌丸各族响应，以及蹋顿的帮助，到那时候恐怕就不是我们说了算了。至于刘表他只会空谈，他明白刘备的才能在他之上，所以他是不会重用刘备的。而刘备也会因为不被重用，而不会为刘表出力，由此可见，你根本不必有后顾之忧，安心讨伐乌丸就是。"曹操听后，立即调动人马，领军出征。到了达易县后，郭嘉又说道："用兵神速才是正确的做法。我们现在的物资本身就不多，行军的地方又偏远，要是让敌人知道了我们的现状，肯定会有所应对的。此时，我们不如轻装上阵，加快行军的速度，趁他们不备的时候，将他们一举歼灭。"曹操听了郭嘉的话，轻装上阵，加快行军速度，直奔蹋顿单于驻地。当乌丸人看见从天而降的汉军的时候，一切都晚了，最后蹋顿被杀，而袁绍的两个儿子最后被孙康所杀。

曹操一直都把主导权掌握在自己手上，更重要的是，他敢于出击，因此，才能获得全面的胜利，这一举动不但稳住了后方，还为他在蜀、吴奠定了基础。

我们在处理事情的同时，也应该向曹操学习，凡事要把主动权掌握在自己手里，要勇于出击！当机立断不但可以让我们掌握最好的时机，更重要的是，可以帮助我们突破瓶颈，让我们对原始观念有所改变。

主动是一种做事的态度，它代表着创造。凡事主动一点儿，积极一点儿，会让人在不知不觉中对接触的人和事的主观意识变得巨大。所谓举一反三、触类旁通、顺藤摸瓜，也都是用来证明主动的意义的。为人处事积极主动一点儿，也是一种精神，它主要反映在人的思想、心态、行动，以及精神面貌上。它不单单能拓宽人的思维，还可以把你的潜能最大化。对生活抱有消极态度的人，不管干什么都是被动的，怀有这样的心态，怎么还会让你的生活变得丰富多彩呢？

积极主动，是一种良好的态度。我们应该时时刻刻保持这样的态度，在为人处世上，更应该把这种态度发挥得淋漓尽致，从而把自己的潜能最大化，早日取得成功以及实现自我的价值。

第十二章　格局与成败

——格局决定成败结局

> 其实，我们一直都没有注意到，我们成功与否的最主要因素
> 在于我们自己。心理暗示是很重要的，在遇到挫折的时候，如果
> 我们一直和自己说，我不行、我不行，那最后就真的不行了，这
> 也是为什么成功的人都非常自信的原因。

魄力——格局定成败，魄力定格局

在我们的生活当中，遇到一些困难和意料之外的事情是很平常的，然而，在这些问题面前，许多自卑的人很容易给自己戴上失败者的帽子。他们不是觉得自己能力不行，就是觉得老天不眷顾他们。最本质的是他们自己的心理，认为自己能力不行或者没有受到眷顾，这些都是自己给自己造成的假象。

失败的人不会成功，是因为他们对自己的能力没有一个清楚的认识。在受到自卑心理的影响下，他们看到的只是他们的缺点和劣势，从而做起事情来极度缺乏自信，没有积极的心态，所以他们的失败都是必然的。

井植岁男是日本三洋电机的创始人。一天，他家里的园艺师傅找他说道：

"先生，你挣的钱越来越多，事业越做越大，而我就像树上的蝉一样，没有任何声响，您能告诉我怎样能赚大钱吗？"井植很爽快地对园艺人说："我发现，你还是比较适合做园艺工作，这样吧，咱俩一起投资种树苗的生意吧。工厂旁边还有大约两万平的空地，我们把树苗种在那里。但是你知道一棵树苗多少钱吗？"园艺师傅回答道："需要 40 日元。"

井植又说："那我们就按照每平方米种两棵，除去水渠和走道的面积，这里就能种上三万棵，而成本则需要 120 万日元就可以了。那些树三年长成之后，一棵树能卖多钱呢？"

园艺师傅说："每棵至少 3000 日元。"

井植说："那这样，所有的费用我来出，你只要负责这三年里培养树苗就行了。等树长成之后，三万棵树能卖到 9000 万日元，除去成本应该还剩 7000 万日元，我们五五分怎么样？"

可是那个园艺师傅听完井植的这番话后，说道："您说得非常好，但是我还是觉得，自己没有这方面的天赋，也没有那么大的胆量，还是算了吧。"

最后，园艺人现在还是在井植家中每月领着固定的收入种树。

很多时候，一个人能否成功，并不是客观条件能够调控的，主要的还是自己。所以，在我们前进的道路上，我们不但要做好和困难打游击战的准备，还要有清除负面因素，以积极的心态面对问题。只有时时刻刻克制身上的缺点，用最严格的要求征服自己，你才有机会战胜一切困难。

当我们把目光放在一个定位点不动的时候，这个定位点就会像气球一样慢慢地膨胀，最后变得很巨大；当我们把我们所有的思想，都放在失败上的时候，失败就会像酵母粉一样，在我们的心里无限地扩大，最后充斥着我们的整个心灵。所以说，一个人要是想成功，首先要做的是去除内心对自己无形的枷锁，要用积极的心态去面对我们所遇到的一切事物，这样我们才能够为事业打下一定的基础，才会有成功的可能。

创新——创新能够成就新的格局

在我们生活中遇到的问题，常常会让我们变得无助、变得恐慌，甚至有些心理承受能力差的人，会变得自怜自爱，怨天尤人，更严重的就会自暴自弃。其实，当我们再次遇见问题的时候，我们不妨换个角度，或许我们就会发现，那些所谓的困难都是些过眼云烟，只不过是我们内心在作祟罢了。

我们要面对的问题，不排除有客观因素的存在，但最大的因素还是我们自己的内心，和我们的处世态度。要是我们想要改变我们未来的生活，那么我们要学会变通，有些时候换个角度思考问题，我们就会发现，答案一直都在跟着我们走。如果你仍然坚持你的错误理念，去走以后的道路的话，那不管你再做多少努力，也是在做无用功，不会有任何改变的。一位伟人说过："生活中最大的成就是不断地自我改造，以使自己悟出生活之道。"很多情况下，外界的事物是没有办法改变的，但是我们的思想却是可以改变的，当我们现在的思想已经无法再继续下去的时候，我们不妨转个头，换个思维方式，你就会发现，你的好运气，一直都在你周围。

有一个公司在城市的边缘地带建了一栋49层高的大楼。为了能提高公司的知名度，公司里的人想尽办法，也没有想到一个好点子。这个时候，顶层的房间突然迎来了不速之客，一群赶也赶不走的鸽子。过了几天，在顶层的房间里，鸽子的羽毛和粪便就随处可见了，整个公司对此是无计可施。

这时，一个公关顾问想到了一个点子，他立即让员工把所有的门窗关上，不让一只鸽子溜走，然后告诉动物保护委员会让他们派公证员到公司协助处理有关动物保护的大事；接着又叫人去通知各大媒体，前来观赏这场很有意思的捉鸽事件。

这里的鸽子数以千计，他们用了三天的时间才把这些鸽子全部捕捉完。在这三天里，各个媒体都把专注点对准了这座大楼。同时，公司的主要人物也都出来亮相并且宣称保护动物是他们义不容辞的责任。之后又"捎带"着向观众们介绍了公司的服务范围和宗旨。最后一天，公司举行了一次"放鸽活动"，还邀请了各界知名人士，电视台又以直播的形式从头到尾报道了一遍。公司也利用这个机会，在社会上树立了很好的形象，同时，公司的知名度也提升了，业绩、利润也有了明显的增长。

虽说公司变"鸟窝"很是让人头疼，但是只要换个角度思考一下，就会让这群鸽子为公司带来无限的利润和资本。

"山重水复疑无路，柳暗花明又一村"。不管是遇到多大的困难，只要不放弃，没有乱了自己的方寸，让自己从"我不行"的误区里走出来，然后换个角度、换个思维去考虑问题，你就会发现，世界上还有很多机会等着我们去开发，去实践，去创造。

输赢——格局能让你在败局中奋起

谁都希望生活顺风顺水，事业越做越好，对于我们来说，没有人愿意受到打击，更没有人会愿意走进失败的泥潭。可是，现实总是和我们对着干，就像是我们前进路上的绊脚石一样，只要一有机会，我们在不注意的情况下就会摔倒。自然环境的折磨，本就已经让我们筋疲力尽了。然而，在和这些问题作斗争的时候，我们要怀着平心静气的心态去看待它，发挥我们最大的努力去克服它，要明白赢得起就输得起的道理，不能因为失败就丧失了理性，自暴自弃。不然的话，你永远都是个失败者。

赢得起就输得起，这是从无知迈向成熟的标志，也是一种开阔的胸怀。生活就像赌博，有赢有输，只要我们敢于面对现实，拿出我们的勇气和理智去和它对抗。只有输得起，才会放得下，才能为下一步打下良好的基础。

泰国有一个企业家，将自己所有的钱都投进了曼谷一个郊区里的15栋别墅的建设中。让人没想到的是，别墅刚刚建成，亚洲的金融风暴就出现了。他的别墅一套也没有卖出去，因为他的破产，银行把他的别墅拿去拍卖，而他也只能亲眼看着自己的别墅被拍卖。为了还债，他不得不将自己的住所抵押给了别人。

企业家的心情就像是跳伞一样，直线向下坠落。有一段时间，他一直萎靡不振，甚至有了自杀的念头。可是后来，他觉得堕落下去也没有任何意义，还不如想想从头干些什么。

　　某天早上吃饭的时候，他突然发现妻子的三明治做得非常好吃，他就想着把这个三明治卖出去。当他把自己的想法告诉妻子的时候，得到了妻子的大力赞成。自此之后，妻子在家做三明治，他就上街卖三明治。

　　有个记者看见他现在的生活状态后，就在报上刊登了一篇名为"一个昔日的亿万富翁，今日沿街叫卖三明治"的文章，紧接着第二天，整个曼谷都知道了这件事。许多人怀着好奇心或者是同情心来看一看昔日亿万富翁的风采。他们并没有忘记买一个企业家的三明治，大部分人吃了三明治后，觉得味道特别棒，就成了他的长期顾客了。

　　就这样，他的三明治生意越做越大，他靠着卖三明治的钱，成功地走出了人生的困境，积攒了资金后，重新崛起了，随后，又成为了泰国著名的亿万富翁。

　　他就是被评为"泰国十大杰出企业家"之首的施利华。

　　从山顶跌落到山谷，他并没有逃避或者一蹶不振，反而是很镇定、很冷静地面对问题，对于一些人来说，曾经的亿万富翁如今在街头叫卖三明治，是很可耻的事情，然而施利华却没有这种想法，他懂得想赢得起就要输得起的道理，从而在这平稳的心态的促使下，他的事业就像是早上的太阳，又慢慢地升起来了。

　　失败的时候，要是选择默默地哭泣，只能让我们陷入更大的痛苦中。只有我们不把失败当成我们未来的命运，早日走出失败的阴影，才可能改变当下的情况。我们每一个人都要记住"只有输得起，才能赢得起"。

奋斗——格局对了就永远是胜利者

失败无处不在，而我们最不愿意面对的就是失败的局面。有些人在遇到失败后，就一蹶不振、自暴自弃，开始怀疑自己的能力，觉得自己什么事都做不好。在这样的心态的驱使下，我们身上一切积极阳光的东西都被隐藏起来了，只剩下消极的东西在心里无限地膨胀。

失败给我们带来的负面情绪有很多，这没有什么可怕的。当失败出现的时候，我们只需要怀着正确的心态去面对它就可以了。凡事有利就有弊，失败也并不是说全都是坏处，只是我们没有发现而已。失败是一块磨刀石，它的作用就是磨炼我们的意志，让我们充满战斗力以及锻炼我们的品格，让我们以后再遇到失败的时候，可以宠辱不惊，并获得最后的胜利。所以，我们不能一味地逃避失败，而是要有自信地去直面它，打败它，让自己走向成功。

比尔·休利特和戴维·帕卡德大学毕业之后，两个人四处投递简历，想找份工作，然而，一直都没有人回应他们。碰壁之后两个年轻人的自信心受到了很大的影响，他俩认为，这辈子都将这样碌碌无为了。他们想想自己以前受到的教育倍感惭愧。两个人重拾信心，再次穿梭在大街小巷之中，寻找能够接纳自己并且能够帮助自己发展的公司。可是，他们又以失败告终。那年美国经济危机，很多公司裁员都来不及，怎么还会有公司招人呢？

就业不行，两个人就决定创业了。他们下定决心，一定要干出点儿名堂来。他们在加州租了房子，希望可以通过一些小电器的发明，获得销售专利从而开创自己的事业。一年过去了，他们的产品都无人问津，两个人过着饥寒交迫的日子。但是，他们并没有觉得自己失败了，还是选择了坚持到底。

第二年，他们研制出来的产品终于被一家公司看上了，买走了专利权。他们两个人终于成功地赚到了人生的第一桶金。到后来，他们的事业干得越来越大，并成为了相关电子元件和电子检测仪器的供应商，这就是现在著名的惠普公司。

成功的人虽然失败过很多次，但是他们的字典中却始终没有失败的字样。一个人若想成功，那他前进的路肯定是由失败铺成的。然而，重要的是，他们从来不认为那是失败了，他们只是把这些当成考验。考验过后，他们会及时调整心态，继而准备继续前行，向着自己的目标努力奋斗。我们一定不要把自己定位在失败者的位置上，而是要向成功的人学习，然后坚持自己的目标，战胜所有困难，最终取得非凡成就。

尝试——格局让你找到新的机遇

每个人心中都有自己的梦想和目标，也都愿意为了自己的梦想而努力奋斗，然而，在努力的过程中，我们就要和困难打交道。在困难面前，有些人没有勇气和信心，他们会觉得自己的能力不行，从而半途而废了。

有句话说得好："不做，怎么知道不可能？"就算这是一个很小的问题，但是你如果永远不找到解决的方法，它就会永远地挡在你眼前，挡住你的去路。假如，在面对困难的时候，你能用很冷静的思维来考虑这个问题的话，敢于尝试、敢于行动，事情说不定就会出现转机的。所以说，不管以后遇见什么样的问题，我们都要试一试，不能因为觉得这个问题太难了我们就放弃了。只要有了勇于尝试的勇气，还有什么是解决不了的？

唐先生的电脑公司不单单经营各种电脑的配件，还可以帮助别人组装电脑。由于经验不足，刚开始的时候，客户不稳定，他的生意也没有多大的改变，有一次，他的朋友因为没有能力偿还债务，就把两万多个鼠标垫给抵押了。鼠标垫在很多商场内都是当成礼品赠送的，这些没有价值的鼠标垫，让唐先生很伤脑筋。

他的朋友有一次来到他的店里，因为无聊，就在唐先生的电脑上练习打字，由于是刚学的五笔输入法，而且操作又不熟练，很多字根记不住，又懒得翻书，就随意说了一句："鼠标垫上要是能有字根就好了。"说者无意，听者有心。唐先生觉得，要是在鼠标垫上印上字根就可以让那些记不住字根的人方便很多。而且，就现在市场来说，还没有谁这么干过呢，要是发展好了，公司说不定就能起死回生了。唐先生说干就干，制造了两万多个印有字根的鼠标垫。印刷完成后，他就到各处进行推销，业绩还是不错的。

有天，唐先生的公司里来了一名中年男子。仔细地看了看鼠标垫，又问了问价钱，又跟唐先生说要是每个可以按照1.2元售出的话，他就要两万个。唐先生立马就和中年男子攀谈起来。原来，中年男子是一家电脑公司的老板，他最近接了一笔大生意，要给全国联网的寻呼台作系统集成方案。想要做好这个单子就得准备两万台电脑，客户那边有硬性要求，就是，除了常规的配置外，每人还要一张鼠标垫和一张五笔型字根表。为了能接下这笔单子，中年老板走访了很多地方，也没能找到合适的。今天看见唐先生的这个鼠标垫，心里很是高兴，一下子就可以解决两个问题，省了精力又省了成本。知道了事情的来龙去脉后，唐先生也很高兴，他把剩下的两万个鼠标垫全都卖给了中年老板。

一个人只要敢于尝试，就说明他是一个有思想和创新精神的人。唐先生从朋友那获得了思路，解决了本来毫无价值的鼠标垫。如果唐先生不敢尝试新的事物，在家天天唉声叹气，那他的生意就真的完了。

我们要敢于尝试新鲜事物，只有在不断地尝试中，我们才能提升我们的能力；只有在不断地尝试中，我们才能爬上一个又一个山顶；只有在不断地尝试中，我们才能给问题找一个新的解决方法。

坚持——将真理握在手中，永不放弃

在我们身边经常会有一幕幕这样的场景出现，对立的双方就某件事某个问题进行讨论争执时，如果其中的一方能够拿出一些权威的理论与数据，即使是正确的一方也很快就会哑声。他自己也会对自己的观点持谨慎的态度，甚至于怀疑自己观点的正确性。人们已经习惯于秩序和权威所带给我们的观点。可见权威对人们的影响之大。

现实当中，某种思维定式一旦形成，人们接受和习惯这种思维定式后，因惰性很容易放弃自己思考与判断的能力，信任与依赖权威的观念，自己乐得轻松而沾沾自喜。但也因此失去自己，给他人留下人云亦云随波逐流的印象。这种行为是应该努力克服与纠正的。

实际上，人人平等，只要是真理在握，就要坚持。人无完人，孰能无错？

即使是权威，因环境、时间诸多外界因素及内在的修为等也不能保证永远正确。坚持真理，是坚决不向错误示弱，容不得不正确的思想与观念的存在。同时，坚持真理，也是做人最基本的诚实诚信的具体表现，是胸怀坦荡胸襟大气的体现。

日本著名的指挥家小泽征尔，曾经在成名前到欧洲参加世界级指挥大赛。决赛时按照评委会提供的乐谱指挥的小泽征尔，演奏时意识到出现不合谐的段落。他指挥乐队重新演奏一遍，以弥补刚刚错误的不和谐的演奏地方。在场的评委及音乐界人士十分严肃地对小泽征尔说："可能是你的听觉出现了问题，乐谱绝对没有任何问题。前面的人都是按这个演奏的。"小泽征尔思索再三说："不！一定是乐谱错了！"话音刚落，令人吃惊的事发生了，评委台上的人全体起立报以热烈的掌声。原来，这是评委们精心策划的"圈套"。之前的选手也有人发现乐谱的错误，但在听到评委们否定的声音后，对自己的观点产生了质疑，不再坚持。他们因为趋同权威而遭到淘汰，而小泽征尔因为对真理的坚持，摘得这次比赛的桂冠，并成为当代久负盛名的指挥家。

"不！一定是乐谱错了！"这掷地有声的话语，体现出小泽征尔不迷信权威，坚持真理的精神。它给了我们深深的启迪：无论何种形势、何种情况，我们都要审慎地梳理自己的思想，在对自己思路认可的情况下，大胆地把自己的想法说出来，不要盲目迷信权威。真理在握，要勇于坚持。

坚持真理可大可小，大到理论原则，小到蝇头小事。实践证明，真理往往掌握在少数人手中。那怎么才能让多数人认同并掌握真理，改变他们习以为常的习惯与行为呢？不仅需要方式方法，胆识更是不可小觑。

古代欧洲长期盛行地心说的宇宙学说。它最初是由古希腊学者欧多克斯提出，后经亚里士多德、托勒密进一步发展而逐渐建立和完善起来。那个时候，人们对流传了一千五百多年的希腊科学家创立的宇宙模式深信不疑。托勒密认为地球是宇宙的中心且静止不动，日、月、行星和恒星均围绕地球运动。但波兰天文学家哥白尼及后来的意大利科学巨匠伽利略没有盲从，而是加入了寻找真理的行列。哥白尼从小就对天文学很感兴趣，经常跟着老师在教堂的塔顶上观察浩渺星空。他相信研究天文学只有两件法宝：数学和观测。他不畏辛苦，克服困难，每天坚持观测天文现象，30年如一日，最终取得了可靠的数据，提出了"日心说"，哥白尼的"日心说"沉重地打击了教会的宇宙观。

伽利略是通过数学逻辑相信哥白尼，同时，伽利略发明了天文望远镜，这在一定程度证明了哥白尼理论的正确性。虽然他受到了罗马教会的阻挠，但伽利略知道数学原则的价值，使他始终相信日心说。

事实胜于雄辩，日心说最终被世人所承认。但日心说只是一个学说，在证明地球围绕太阳转时也有错误。因为这些错误，所以日心说只能算是学说，而较地心说，却相对好一些，因为它证明了地球是围绕太阳进行公转。也正是哥白尼、伽利略对真理的坚持，才引起了人类对宇宙认识的巨大变革和思想变革。

卓越者总是曲高和寡，平庸者却附和者众。在坚持真理挑战权威的过程中，要能够忍受无人理解的孤独与困扰，要经历寂寞与孤单对身心的考验，就像凤凰涅槃一样，只有心怀坦荡无所畏惧的人才能取得最后胜利。

真理在握，勇于坚持，是黑决不会说白，是鹿决不会说是马，也是一种诚实守信心怀坦荡的大气。

潜能——格局激发潜能，潜能赢得未来

我们时不时就会有这样的感觉：感觉自己比别人笨很多，不是在遇到事情的时候考虑得不全面，就是反应太慢，再就是觉得自己的能力和别人根本就没有可比性。然而不知你发没发现，你在处理突然发生的事件的时候，可以准确无误地做出自己的判断以及迅速地做出反应；在玩灯谜的时候，第一个想到答案的往往都是你。在我们想到这些的时候，我们就不应该再埋怨自己的各种不济了。

很多时候，不是我们的能力有问题赶不上别人，只是我们思想上的认知出现了一定的偏差。这个时候，我们多付出一点，给足我们自己信心，相信我们可以做好，甚至可以做得更好的时候，就会激发出我们内在的潜能，取得意外的成功。

一个相当有名的音乐大师收了一个学生。他在上第一堂课的时候，给了他学生一份乐谱，对于刚刚开始学习的人来说，这份乐谱难度很高，可他还是对他的学生说："试着弹弹看！"学生在演奏的时候，不但错误不断而且生涩僵滞。大师不但没有说他，还温和地对他说："还不熟悉，回家好好练习下"

学生回家后，坚持不懈地练习了一周，但还是没有什么起色。然而，到第二周上课的时候，音乐大师给了他一份比第一次难度还高的乐谱，学生只能继续挑战着更高难度的技巧。持续到第三周上课的时候，更难的乐谱又出现了，同样的情形依旧持续着，每次上课学生都会因为新的乐谱而为难，只

能把新的乐谱带回去练习，等再去上课的时候，要面对的乐谱的难度却是原来的两倍，但是怎么都练不好。学生愈来愈不安，对自己丧失了信心。到最后，他再也坚持不住，想向大师告辞："这几个月的练习让我发现，我在音乐上没有一点点天赋。"大师并没有说话，只是把一开始的那份乐谱拿出来说道："你现在再试着弹弹这个吧。"

让人没想到的是，学生这次竟然可以将这首曲子弹奏得如此美妙、如此精湛。紧接着，大师又让学生弹奏第二次上课时候的乐谱，学生依旧超水平发挥……演奏结束后，学生看着老师说不出一句话来。

"如果，我一开始任由你展现你最擅长的部分的话，你现在或许还在苦练第一份乐谱，你的水平也就不会是今天这样了……"音乐大师语重心长地说道。

人的潜力是不可预见的，主要在于你是否能够把它完全地开发出来。研究表明，世界上记忆力最好的人的大脑的使用率都没有能够达到它功能的1%，我们现在所有的智慧和知识，都处于"低度开发"阶段。我们要相信自己能做到，并完全发挥身上所有的潜能，因为我们大脑的能量是无穷大的。

美国有一位名叫米契尔的飞行员。他在46岁的时候，由于一次事故让他身上只剩下了三分之一的好皮肤了。经过16次手术后，他才得以保住生命。然而这次意外，却让他的生活遇到了非常巨大的困难，他没有办法再使用刀叉，不能打电话，就连上厕所都困难无比。然而，米契尔在面对这一切的时候，没有表露出来任何的负面情绪，他说："我的人生我可以自己掌控，那是我的选择，我现在的答案就是把现在的一切看作是一个新的开始。"经过六个月不断地努力，他又可以开飞机了。

米契尔在科罗拉多州购买了一套新的房子，又买了一家酒吧和一架飞机，还和他的两个朋友合伙开了一家公司，以生产使用木材为燃料的炉子为主，在经过他的经营后，这家公司成为了佛蒙特州的第二大私人公司。

幸运之神却没有眷顾米契尔，意外发生在四年之后，在他50岁的时候，他所驾驶的飞机在一次飞行中失事。米契尔腰部以下再也不能动了，永远地瘫痪了！因为植皮，使他的脸变成了一块"调色盘"，手指也没有了，他的余生只能在轮椅上度过了。

再次面对困难，米契尔依旧没有放弃，勇敢地和病魔作斗争，在他不断地努力下，他把自己的身体发挥到了最大限度的自主。最终，他被科罗拉多州孤峰顶镇的镇民选为镇长。

虽然他的面容已经惨不忍睹，身体也永远不能和轮椅分开，但这些问题并不能影响到米契尔对生活的激情，他泛舟湖上，很快坠入爱河，不仅完成了自己的终身大事，还成功地拿到了公共行政硕士学位，他也没有放弃飞行，还积极参与环保活动和公共演说。

米契尔说道："在我瘫痪前我能做一万件事，现在却只能完成9000件事，但是我可以把我全部的注意力放在我没有办法完成的1000件事情上，或者放在能做的9000件事情上。我想说的是，只要你自己相信你可以，你就可以在你的行动中把所有的能量激活出来，就算出现再大的问题都不会打败你。"

我们每个人都是拥有无尽财富的宝藏，只不过大部分人都不相信自己的能力罢了。有位名人曾经说过："成功的人，往往不是那些先天有着很高天赋的人，而是把自己的能力发挥到极致的人。"生活中，假如我们不能勇敢地突破自我，超越自己的话，我们就不会做出相对应的行动，自然就不会取得一丝的进步和成功。

要是我们对现在的生活不满意的话，那么，我们要做的就是用积极的心态去主动地改变我们现在的生活。这个时候，你就会发现，其实很多东西并不是我们一开始想象的那么难。

格局——识大局才能有好结局

无论何时，无论何地，无论何事，都要有整体意识和大局意识。我们的人生亦是。尤其在一些利益重大的事情上，更要有大局意识。处理事情要审慎地权衡利弊，做到服从大局，克服局部利益的损失，顺势而为。

顾全大局，是一种政治意识。当国家利益与地方利益发生冲突时，当然要以国家利益为重。俗话说，没有国哪有家。当全局利益与部门利益冲突的时候，要以全局为重。当集体利益与个人利益冲突的时候，毫无疑问的是要以集体利益为重。在长远利益与当前利益面前，要以长远利益为重。只有能分辩出孰轻孰重，才能保证自己不被淘汰出局。

顾全大局，又是一种纪律意识。俗语说："没有规矩，不成方圆。"规矩就是纪律，方圆就是大局，纪律就是衡量执行力的一个标准。纪律意识在部队尤其严明，服从命令是军人的天职，在战场上军令如山。只有严守纪律才不至于拖后腿，才不至于自己因落后被淘汰出局。

顾全大局，是一种责任意识。顾全大局是每一个人的责任。从小处说，每个家庭成员都对家庭负有责任，父母对子女有抚养的责任，儿女对老人有赡养的义务。在学校学生有学习的责任，老师有教育的责任。由此可见，责任无处不在，不能很好地完成自身责任的人是一定会被淘汰出局的。不想出局，就负起你的责任。

顾全大局，是一种使命意识。在公司老总有调控全局增加效益的使命，而每个员工只要按时保质地完成本职工作，使企业效益有保障，那是每个员工应负的使命。由此可见，我们要完成肩负的使命，才不至于被淘汰出局。

顾全大局，具有一种奉献精神。顾全大局就是个人利益与集体利益发生冲突时，个人利益的奉献精神。

顾全大局是讲究科学的一种行为。它不是一味地推崇牺牲个体与局部利益，更不是对已做出牺牲与奉献的合理合法的局部与个体利益视而不见，不加理睬与补偿。这就失去了顾全大局的意义，顾全大局有一套科学的方法，首先在总体规划时，局部利益的奉献与牺牲最终能使得整体利益最大化；其次有系统观念，综合统筹安排各方综合利益，使利益关系的和谐最大化。

东汉时颍川太守寇恂是一个很懂得顾全大局且又非常聪明的人。记得有一次，大臣贾复从京城洛阳去汝南郡办事，他手下的一个小军官在颍川把人杀了。寇恂按照律令办事，把小军官抓了起来，要在大街上砍头示众。贾复在汝南郡听到这件事，勃然大怒，觉得寇恂这是特意打他的面子。没过多久，贾复在回洛阳途中，快要到颍川的时候，就对旁边的人说道："看见寇恂，我第一件要做的事就是杀了他！"

寇恂也明白贾复一定不会放过他的，决定躲开，不与贾复碰面。他手下的一个武官对他说："您就这么怕他吗？我就待在您身边，他要动手，我也不会客气，您还害怕吗？"

寇恂语重心长地说："你知道廉颇和蔺相如的事情吗？廉颇因为战功赫赫，是著名的大将军，因此被赐封为上卿。而蔺相如有勇有谋，因为"完璧归赵"的事情被封为上大夫，又因为在渑池维护了赵王的尊严，破格提升为上卿。地位早已超过廉颇。廉颇知道这件事情的时候，很不满意，认为蔺相如只是嘴上功夫，没有什么实际的真本事。两人同为上卿，可是付出却完全不相同，他觉得此事很不公平。就对别人说道，等日后见到蔺相如的时候，一定要好好地羞辱他一番。

蔺相如知道这件事情后，想尽办法不和廉颇相撞，完全是考虑了国家的利益。

蔺相如那么有勇有谋，连秦王都不怕，怎么可能会怕廉颇？可廉颇为难他时，他却让着廉颇。这是为什么呢？是因为他一直在为国家着想啊！他能做到的，我寇恂难道做不到吗？"

可是，贾复是京城来的大臣，他从颖川路过，太守避开不见也不行。寇恂便让人备下丰盛的酒饭，等贾复和他的随从们来了，寇恂手下的官员们就热情地迎上前去，献上好酒好饭。等他们吃饱了，寇恂突然赶来，表示欢迎，然后推说有事，就匆忙离去了。贾复急忙叫人去追，但手下一个个都喝醉了，只能看着寇恂走远了。

寇恂不计个人恩怨，以大局为重，清醒地对待别人对自己的怨恨，不与他人去争长论短，而是机智避退，是值得让人敬佩的。寇恂不争、不斗并不是他软弱无能，而是一个心胸博大、忠直之人的过人之处。如若寇恂不忍，与贾复刀枪相向，只能仇更深，怨更大，解决不了任何问题。退一步却海阔天空，对自己，对国家都有利，何乐而不为呢？